设计基础课程改革系列教材

设计表现

陈月浩　黄维达　编著

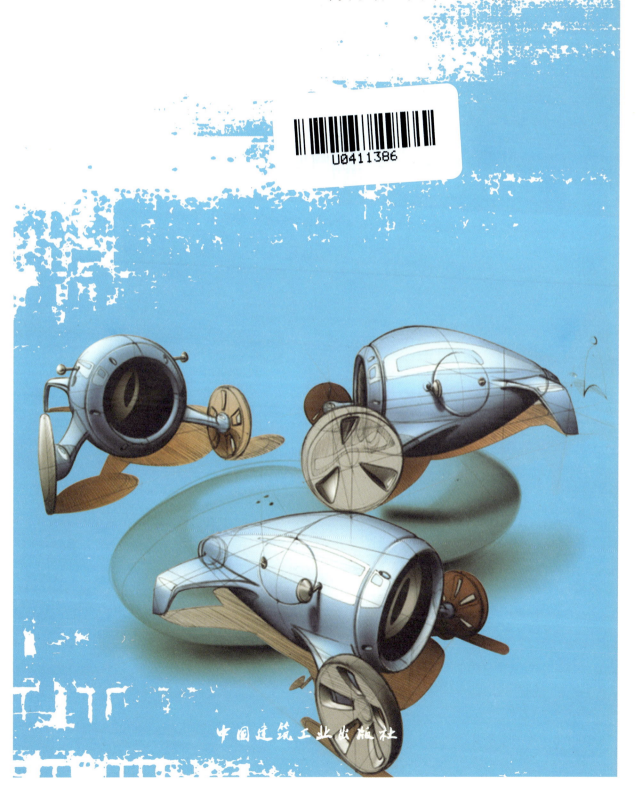

中国建筑工业出版社

图书在版编目（CIP）数据

设计表现/陈月浩，黄维达编著. —北京：中国建筑工业出版社，2011.7
（设计基础课程改革系列教材）
ISBN 978-7-112-13316-1

Ⅰ.①设… Ⅱ.①陈…②黄… Ⅲ.①设计学-高等学校-教材 Ⅳ.①TB21

中国版本图书馆CIP数据核字（2011）第124447号

责任编辑：吴 绫 李东禧
责任设计：叶延春
责任校对：陈晶晶

设计基础课程改革系列教材
设计表现
陈月浩 黄维达 编著
*
中国建筑工业出版社出版、发行（北京西郊百万庄）
各地新华书店、建筑书店经销
北京嘉泰利德公司制版
北京画中画印刷有限公司印刷
*
开本：787×1092毫米 1/16 印张：11 字数：230千字
2011年8月第一版 2011年8月第一次印刷
定价：68.00元
ISBN 978-7-112-13316-1
　　（20823）
版权所有　翻印必究
如有印装质量问题，可寄本社退换
（邮政编码100037）

序

设计教育发展到现在，有一些问题不得不让我们重新去思考：设计师的思维、方法、技能、修养如何落实到每一门课程的每一课时中，使每个学生通过有效的学习获得实际能力，以致解决理论和形式与实际操作的脱节、知识点与系统能力的分离、学生的知识和能力与进入社会就业的脱节现象？

带着这样的问题，我们把以往的素描、色彩、造型基础、色彩构成、平面构成、立体构成、表现技法、创意表现、设计基础等基础课程内容进行了分析，从以往的教学经验和积累中发现：纯技能的训练往往停留在形式感状态上，纯理论的讲授往往停留在文字概念的理解和认识上，单纯主题内容的训练往往停留在纯粹形式的探索上；技能类的课程一味追求技巧的娴熟掌握，方法类的课程偏重过程的进程和变换手法的把握，创意类的课程追求常规创作流程中的灵感深化挖掘等。现行的设计教育体系易形成理论、形式与实际操作缺乏紧密联系，知识点与系统能力分离，学生的知识、能力体系与就业的要求、实际能力偏离等现实结果。

由此，我们认为：设计师必须具备的每一方面的能力应该贯穿到每一门课程中，在侧重学习不同知识和提高能力的课程中，应该在每个课程内容中都有意识地训练和提升思维、方法、技能、修养四大块的素质与能力。通过各门课程内容中训练课题的实践性操作和学习积累，在亲身体验的实际操作中获得知识和能力同步发展。

有了鲜明的教学改革思路，我们在多次国际专家咨询委员会的交流和启发下，通过探索、实践和积累，在全新体制的学校里探索实践了五年，形成了具有实践意义的"设计基础课程改革系列教材"，即《空间与造型》、《设计形态》、《设计色彩》、《设计素描》、《设计表现》。这五门课程的教学内容取代了以往的近九门课程，围绕设计师必须具备的基础知识和基本能力，既分解又集中地渗透到最基本的概念和主要元素中，从最易起步的认识和学习设计的角度逐步把学生引导到设计的门槛里。

在编辑和执行本套教材的过程中，我们始终围绕如下几点进行探索实践。

（1）针对刚进入设计类专业的学生的素质和能力，及设计师必须具备的素质和能力，以打好扎实基础和培养实践能力为目标。适用专业为：工业设计、环境艺术设计、会展设计、建筑设计、景观设计、公共艺术设计、舞美设计、空间设计、家具设计等。

（2）教学内容将必需的知识点、基本理论、方法和技能、鉴赏素养等融为实际案例和操作训练项目，通过作业的实践性训练，理解并掌握课程内容的基础理论、基本方法和基本技能。

（3）每个训练内容注重将知识点串联到训练课题中，在提高动手能力的基础上逐步提升设计师应该具有的素质和能力。

（4）注重从每个知识点和能力的角度看待设计专业的学习，及从设计师职业的角度看待每个知识点和能力的掌握。

（5）操作训练项目中充分挖掘和启发学生的兴趣点，引导和培养个性。

（6）在讲课、交流、启发、引导等形式的交叉下，使每个课时获得高效的教学效果，即：提高学生的个人能力。

上述内容是我们的探索实践思路，在成书的过程中仍然不断地产生出一些新的问题和想法。所以，成书的目的不是为了展示成果，而是以成书的形式方便大家共同围绕具体内容展开交流和讨论。愿我们的实践能给大家提供参考，并携手推进现代设计教育的改革之路。千里之行，始于足下。

张 同

于复旦大学上海视觉艺术学院

目录

序

第一篇　空间设计表现篇

第一章　设计表现概论 ··· 2
　　一、设计表现的概念 ·· 2
　　二、设计表现的作用 ·· 4

第二章　设计表现基础 ··· 7
　　一、常用工具 ··· 7
　　二、构图 ·· 11
　　三、透视 ·· 13

第三章　资料收集 ·· 16
　　一、现场调查 ·· 16
　　二、使用者调查 ·· 18
　　三、同类项目比较 ·· 19

第四章　方案设计 ·· 23
　　一、设计构思与分析 ······································ 23
　　二、方案草图 ·· 39

第五章　成果表现 ·· 68
　　一、效果图 ·· 68
　　二、施工图 ·· 75

三、模型 ··· 76
　　四、动画 ··· 79
　　五、汇报文件 ·· 80

第六章　设计表现的发展趋势 ·· 84
　　一、手绘的回归 ··· 84
　　二、电脑表现技术的更广泛运用 ······································· 85
　　三、结语 ··· 86

第二篇　产品设计表现篇

第一章　为设计而表现 ·· 88
　　一、所谓设计 ·· 88
　　二、为设计而表现 ··· 89

第二章　针对产品设计的表现训练 ······································ 95
　　一、绘画工具 ·· 95
　　二、产品设计透视 ·· 100
　　三、线条的处理 ·· 112
　　四、暗部及阴影的表现技法 ·· 116
　　五、材质的表达 ·· 124
　　六、画面美化 ··· 130

第三章　设计过程中的阶段性表现图 ·································· 136
　　一、分析与探索性草图 ·· 136
　　二、图解设计草图 ·· 147
　　三、绚丽的效果图 ·· 159

参考文献 ··· 166
后记 ·· 167

第一篇
空间设计表现篇

第一章 设计表现概论

一、设计表现的概念

空间设计包含众多学科,诸如建筑设计、室内设计、景观设计、展示设计、舞台设计都属于这一范畴。它是多元化的、多方面的综合体,其过程即是设计师与相关参与者共同寻找问题、认识问题、协调并解决问题的过程。空间设计是艺术与技术的结合,它的最终实现依赖于设计者的形象思维能力和逻辑思维能力的结合。同时,空间设计的过程不仅仅是一个思维过程,它也是一个确定形态的过程。在这个特殊的思维过程中,形象思维和逻辑思维两者同样重要。

完整的空间设计过程,包括提出设计任务书—构思、计划、表现—施工—使用等过程。严格地说,第二个阶段,也就是构思、计划、表现,才是真正意义上的设计。

但是,这里讲到的表现,其实是狭义的设计表现,仅仅是指对设计成果的表现,主要的表现形式为效果图(图1-1-1~图1-1-3),是表现技法的体现。

图1-1-1 建筑效果图

图1-1-2 室内效果图

图1-1-3 景观效果图

第一章 设计表现概论

目前国内较为常见的设计表现教材多数将重点放在介绍表现技法,指导学生学会绘制精彩的效果图,在实际教学中,也常常将表现技法课单独列成课程,比如设计制图、快速手绘、计算机制图等。但是,这样的为表现而表现的课程效果并不好,它忽略了一个非常重要的问题,即设计表现应该贯穿整个设计过程,它不仅仅是单向的设计反映,同时还将促进设计的发展。

因此,在本书中,我们提出广义的设计表现的概念,即设计表现应该是整个设计过程的图解,通过不同阶段的不同表现,体现设计方式与方法,是设计思维的表达。它可以包括:速写、轴测图、透视效果图、模型、电脑动画、摄影、录像等诸多表现手段(图1-1-4~图1-1-7)。在空间设计的教学中,应该将表现融入设计思维类课程中去,在学习建筑设计、室内设计、景观设计、展示设计和舞台设计等课程的同时,掌握表现的相关内容。

对于处在学习如何进行创作设计阶段的学生来说,过程比结果更为重要。如何在设计过程中,有效地将自己想法表达出来,并且通过这种表达,进行讨论、交流,更好地促进设计概念的产生、发展和最终定案,是本书的重点。

设计的过程通常可以分为很多个步骤,在高校教学实践中,最为主要和重要的则是资料收集、方案构思和成果表现三个阶段(图1-1-8~图1-1-10)。因此,本书将按照这三个阶段的进程来介绍最常用和最实用的表现方法。

图1-1-5 效果图

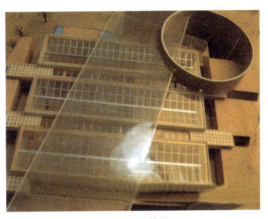

图1-1-6 模型

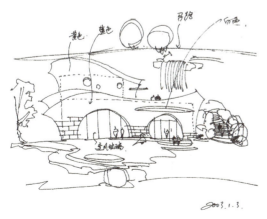

图1-1-4 草图

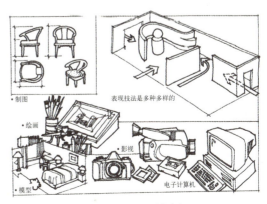

图1-1-7 表现手段众多

3

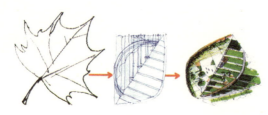

图 1-1-8　方案构思

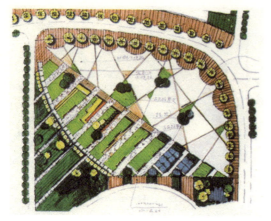

图 1-1-9　成果表现

图 1-1-10　建成后的照片

孕育了设计师的设计意图，借以促发内心思维，主要是各类设计草图；

（3）设计师与设计委托人借以进行信息交流的工具，主要是效果图、模型等；

（4）设计师用于指导工人施工的依据，也就是施工图。

图 1-1-11

二、设计表现的作用

设计表现与设计过程相随相伴，不可分割（图 1-1-11～图 1-1-17）。它的作用大致可以体现在以下几个方面：

（1）设计师搜集资料的手段，集中反映设计所涉及的问题和可借鉴的资料；

（2）设计师在创作设计过程中的思考手段，

图 1-1-12

第一章 设计表现概论

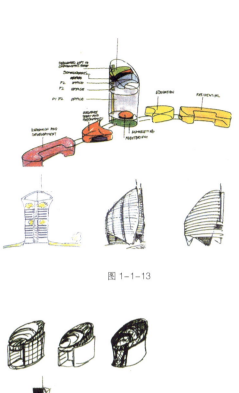

图 1-1-13

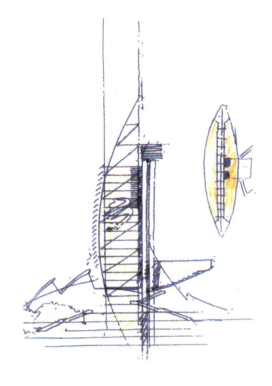

图 1-1-15

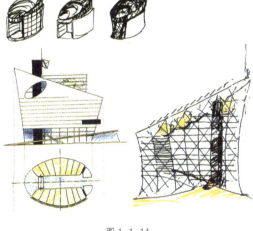

图 1-1-14

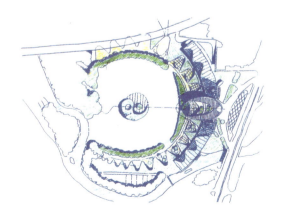

图 1-1-16

图 1-1-17

图1-1-11~图1-1-17这组图片展示了整个设计过程。

设计表现反映出设计师对各种表现技法的掌握程度和根据不同情况，运用不同技法的选择能力，这就需要有足够的毅力，苦练基本功，所谓"拳不离手、曲不离口"，加强对各种常用表现技法的练习，对设计师而言非常重要。设计表现更是设计师设计能力的体现，一个优秀的设计师，一定具备优秀的设计表现能力，两者不可分割。设计师与效果图绘制人员的区别也在于此。设计表现最基本的作用就是要将每个阶段设计师遇到的问题、解决问题的意图及办法说明清楚。在这个前提下，设计表现还应追求美学的价值，所有的表现方式都要尽力做到具有美感，让人赏心悦目。就像写字，首先要写得让人看得懂，然后再写得更漂亮。所以，好的设计表现同时还反映出设计师的艺术修养。

第二章　设计表现基础

一、常用工具

在设计表现时，我们可以选用的工具非常多（图1-2-1）。随着时代的发展，常用的表现工具也一直在变化，有些工具因为使用不是很方便快捷，就被逐步淘汰，例如喷枪、油画棒、色粉笔、水粉、水彩等，也有新增加的表现工具，例如计算机辅助系统的各种软件。下面我们介绍几种当前最为设计师普遍使用的工具。

1. 笔

（1）铅笔。铅笔作为传统绘图工具，长期以来被用作基础造型训练的主要工具；铅笔画也由于其明显的个性风貌和丰富的语汇成为由黑白层次组成的独立绘画的种类。由于缺少色彩，人们的观察角度及绘画侧重就不同于其他画种，对象的形与影都靠运笔排线来实现，所以应该注意一片片明暗调子是如何转换为可辨别的具体形态的。

铅笔依靠与纸面接触时所施加的压力与轨迹来传达不同的情感，有的轻描淡写，有的粗壮有力，有的似是而非，有的游刃有余。因此线条是铅笔画的关键，也是我们训练的基础。在建筑手绘效果图中，有的侧重以单线勾勒轮

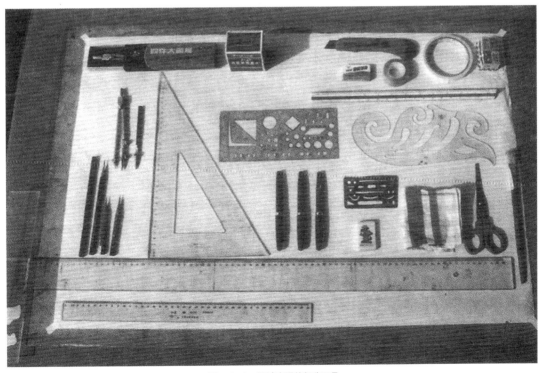

图1-2-1　设计表现的部分工具

廓形态，也有强调黑白对比关系的影调画法。无论哪一种，都以其丰富细腻、含蓄饱满而见长。

（2）彩色铅笔。彩色铅笔色彩丰富且容易掌握，所以很受初学者的欢迎。在设计表现中，彩色铅笔可作为初稿或初步深入阶段的一种塑造与表现手段，也可以在深入刻画阶段用于展示某种细节与质感（图1-2-2）。

彩色铅笔有水溶性彩铅和油性彩铅之分，使用方法与铅笔相同。可以用彩色铅笔线条的疏与密、粗与细、重复或叠加来反复塑造物体与环境，直到满意为止。油性彩铅画到纸面上以后一般难以去掉，如需去掉必须用橡皮反复擦拭。有时余留的笔痕所形成的色调也会很有特色，可以为发展成某种特殊的画法打下基础。水溶性彩色铅笔在没有蘸水时和油性彩色铅笔的效果是一样的，可是在蘸水之后就会变得像水彩一样，颜色非常鲜艳亮丽，十分漂亮，而且色彩柔和。

（3）钢笔（墨水笔）。钢笔画可以分徒手画和工具线条画两种。徒手钢笔画一般用于收集资料、视觉笔记、设计草图等；运用丁字尺、三角板等工具绘制的线条图纸则十分严谨，一丝不苟地反映转折及细部。如果工具运用熟练，也能快速画图。因为钢笔墨水线条没有浓淡之分，所以我们要通过勾、画、抹、擦、挑、绕、点等不同运笔使画面产生黑白、繁简、疏密的对比效果。大胆留白，疏可走马，密不透风，这是我们画钢笔画的要领。有的钢笔画十分概括，笔法简之又简，反映空间姿态和意向；有的通过精准的透视形态和细腻的线条组织塑造真实的三维实体与空间；有的落笔干脆肯定，有的轻松随意；有的用排线的方式显示线条构成的韵律美；有的用毛笔铺水墨块面；有的甚至用刀片蘸墨刮磨画面……所有这些技法都带有明显的个人风格特征，这并非画家刻意为之，而是即兴挥洒后的情感吐露。

（4）马克笔。马克笔是一种用途广泛的工具，它的优越性在于使用方便、速干，可提高表现速度（图1-2-3）。马克笔的种类很多，常用的有两种。

水性马克笔，没有浸透性，遇水即溶，绘画效果与水彩相同，笔头形状有四方粗头和尖头，前者适用于画大面积的和粗线条，后者适用于勾勒细线和细部刻画。

图1-2-2 彩色铅笔

图1-2-3 马克笔

油性马克笔具有浸透性，挥发较快，通常以甲苯为溶剂，能在任何表面上使用，具有广告颜色及印刷色效果。由于它不溶于水，所以即便与水溶性马克笔混合使用，也不会破坏水溶性马克笔的痕迹。

马克笔的优点是快干，书写流利，可重叠涂画，还可覆盖于其他各种颜色之上，使之拥有光泽。根据马克笔的性质，油性与水性的浸透情况不同，在使用时，还必须仔细了解纸与笔的性质，相互配合，多加练习，才能得心应手，绘出色的效果。

2. 纸

纸张类型的选择直接影响成图的质量。有些图纸能迅速吸收墨汁，用这样的纸作图能画出效果干净、线条连续的图。透明的图纸可用于重氮翻印（晒蓝图），可被作为底图持续将细部从一张纸复制到另一张纸上。而绘于不透明的纸上的图必须通过复印、摄影或计算机扫描来复制。

（1）描图纸。描图纸是在设计过程中绘制图最常用的一种图纸（图1-2-4）。在全国各地又叫"临摹纸"、"薄纸"及"拷贝纸"，这种纸具有透明度高和价位相对低的特点。描图纸有裁好的，有成卷的，以适应不同尺寸的图纸要求。成卷的描图纸是要求巨大图幅的设计的最佳选择。描图纸有白色、米色和淡黄色（黄色），大多数设计师基于先前的经验都有自己偏好的图纸颜色，例如后现代主义建筑大师迈克·格雷夫斯就偏爱用黄色描图纸绘制草图。

由于描图纸相对便宜，常用于深化草图及设计过程中的图纸绘制。这样就可绘制大量草图，产生尽可能多的创意来探讨方案。描图纸也是很好的底图，用于复制及改进方案。通常可将多重图纸叠加在一起来获得改进的方案或是构筑一个复杂的透视。

用描图纸绘制的图可通过晒图机复制，也易于影印。然而描图纸容易撕破、起皱。基于这点，它不能成为大面积复制的最佳选择。

（2）绘图纸。多数最终成图是用绘图纸绘制的。绘图纸是一种光亮的、有多种重量（厚度）的成品，且多数为白色的纸。绘图纸内布纤维，棉纤维含量高，因此它的价格较高，坚固且有很好的稳定性。它是用绘图笔作线条图的最佳选择。绘图纸作为原件可晒出高质量的蓝图。同样亦可得到完美的复印、扫描、摄制图像。

3. 尺规

（1）直尺及三角尺。直尺是最常用的工具，通常结合绘图板使用的丁字尺和一字尺也可以算是不同形式的直尺。它们都可以用来量尺寸，画直线，有时候与三角尺一起使用，可以画出垂直相交的直线。三角尺相对灵活，使用起来非常方便，是画图的常用工具。

（2）比例尺。通常我们绘制的平面、立面、剖面等图纸，都会指定比例。图纸上的线条尺寸都是按照比例，通过换算，从实际的尺寸缩小而来的。此时，比例尺就会很有帮助，不再

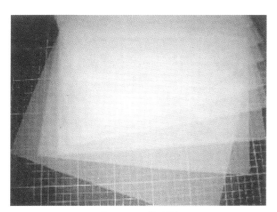

图1-2-4 描图纸

第一篇　空间设计表现篇

图 1-2-5　比例尺

需要在确定尺寸之前用计算器进行换算，只需要直接用比例尺进行尺度转换。比例尺呈三棱柱形状，有六个常用比例。它能够大大加快绘图的速度，提高效率（图 1-2-5）。

（3）圆规和模板（曲线板）。对于圆形、不规则形状的放样，圆规和模板（曲线板）是最方便的选择。根据不同的形状，可以灵活地组合运用这些工具，有些自由曲线，也可以使用蛇尺，虽然现在这个工具被使用的情况越来越少。

4. 计算机辅助系统

计算机的出现，对设计表现有着非常重要的影响。借助计算机，操作绘图软件，不但可以非常方便地将设计方案表现出来，而且还具有传统表现方法所不具有的优势，诸如高效率、高精度、动态化等，给设计师带来前所未有的方便和快捷。

计算机硬件飞速发展，计算速度越来越快，存储空间越来越大，完全能够满足设计软件的要求，输入输出设备也日益更新，手写板、扫描仪、绘图仪等都为设计表现的工作提供了方便。加上网络的发展，使得文件的传输更为迅速，跨地域的合作设计也变得习以为常。

空间设计专业人士常用的绘图软件主要有 AutoCAD、3DS MAX、Sketchup、Lightscape、Photoshop 等。若能熟练掌握几种软件，并将它们组合起来运用，则对设计师进行设计表现起到事半功倍的效果。

AutoCAD 是大家最为熟悉的一款矢量绘图软件，它最早被设计师用于设计行业，应用范围很广，设计师通常都离不开它。AutoCAD 主要被用来绘制工程图纸，诸如平面图、立面图等施工图，尺寸精确。

3DS MAX 是三维效果图及动画制作者的首选软件，具有强大的建模功能。相比其他 3D 软件，它对硬件的要求要低，而且应用性更强，并且有很多插件可以选用。

Lightscape 是当今比较优秀的渲染软件，同时拥有 RAYTRACE（光影跟踪）、RADIOSITY（光能跟踪）技术和全息渲染技术，正是这三种技术使其产生的效果不但精确、真实，而且美观。

Photoshop 是当前流行的图像处理软件，强大的处理功能能够满足用户的各种要求，用它可以制作出很多层面的图，还可以修补图面的缺陷，通常用于对上述软件所绘图纸的后期处理。

目前可用于设计表现的软件还有很多，多了解一些软件，能够对我们的工作多一份帮助。但是计算机辅助系统毕竟也只是众多表现工具中的一种，不能过于依赖，因此，找到适合自己的几种软件，并熟练掌握和运用，以促进设计创意，才是最为重要的。

5. 模型工具与材料

在制作模型时，合适的工具非常重要。工欲善其事，必先利其器。对工具利用的好坏，直接影响模型制作的速度和质量。随着科学技术的发展，越来越多的工具可供我们选择，将其用于模型制作中。这些工具也为我们提供了更便捷的处理材料方法，也使模型可以做得更加精确美观。

通常在做模型的时候，我们会使用钢制直尺、美工刀、钩刀、锯子、电热切割机、雕刻机等更多工具。具体使用何种工具，取决于采用何种模型材料。在空间设计中，纸板、泡沫塑料、木板、有机玻璃、ABS板、石膏等材料是比较常用的。比如我们在使用ABS板的时候，就会使用钩刀来进行切割。这时候美工刀尽管锋利，也无用武之地（图1-2-6）。

上述的工具在设计过程的表现中被较多采用，但实际上，还有其他很多工具也都会被用到，比如当我们在现场收集资料或测绘的时候，我们会用到卷尺、照相机、摄像机等。在此我们就不作一一介绍。总之，在广义的设计表现中，表现的手段呈现开放状态，只要是合适的，都可以用来帮助表现。

图1-2-6　美工刀

二、构图

1. 构图的含义

构图是指在设计表现的图面中，对表现对象作适当安排，使画面布局产生美感。换言之，即一幅画必须有一个稳定的结构，各个部分互相协调。

设计者为了表现一定的思想、意境、情感，在一定的范围内运用审美的原则安排和处理形象、符号等在空间中的位置关系，将个别或局部的形象、符号组成具有说服力的空间艺术整体。

一切事物，用特殊表现手法落实到具体物质材料的时候，必须进一步整理、加工、组织，构图就是这一过程的具体体现。

构图是具体的形式，也是一个作品形式美的集中体现。构图必须从整个空间形式出发，有主次地突出效果展现，最终又融入空间。

2. 构图的一般法则

关于构图的法则，大家的理解各不相同，却大同小异，判别往往在于着眼点的不同、侧重面的不同。西方的构图学立足于静止，先均衡稳定，但是中国传统构图学则注重以静取动、动中有静。在空间的表现中，我们应先立足于静止，进行构图，而后动态观察以达到表现中的灵活。

（1）对角线构图。这种构图形式是最为典型的动态构图形式。观察者的目光会顺着对角线的方向延伸到整个画面，这种构图形式往往强调空间透视带来的层次感和运动感（图1-2-7）。

（2）中轴线构图。画面往往以垂直轴线作为中心，以平行透视关系居多。一系列相互平

图 1-2-7

行的铅垂面形成层层叠叠的韵律与错动，画面也因水平要素和垂直要素平添了稳定均衡的视知觉力。当需要表现空间的对称特征或明显的景深层次的时候，往往采用这种构图形式（图 1-2-8）。

图 1-2-8

（3）三角形构图。可分为正三角形和倒三角形两种构图形式，前者表现稳定和静态，后者则具有明显的不稳定特质。当然位于画面中心的表现对象较高，四周形体尺度较小，则采用正三角形构图会使画面显得稳定，画面居中部位正好矗立最高点，表现出合理的视觉结构逻辑与安定特征，具有庄重向上的心理暗示意义。而倒三角形构图恰恰相反，在绘制俯视的透视图时，往往会产生上大下小的构图，这时追求的是反常和夸张的视觉张力。

（4）方形构图。这种构图形式又可以发展出"U"字形、"门"字形、"口"字形和"井"字形等几种形式。"U"字形构图往往近、中、远景都很平稳，在远处渐次变为直角，两端升起，当中低陷，犹如舞台的台口。"门"字形正好相反。"口"字形和"井"字形构图是使画面稳定的常用方式，将所要表现的重点围合起来，使画面要素更加紧凑。

（5）曲线形构图。又称为"S"形构图，或"之"字形构图。观察者的目标容易停留在曲线方向发生转折的节点上，这种构图既保证视线的连续性，又通过节奏上的停顿调动不同的情绪。

上述构图形式是对传统图面表现的总结和归纳。而构图本身不仅是视觉的反映，更是创作者对于表现对象的意境构想和心灵表达。所以，只要了解主导旋律，完全可以突破形式主义的限制，获得新奇的构图效果，创造出多重美感。

3. 构图的要求

不同的空间设计表现，对其构图会有不同的具体要求，以表现出其设计内容的主要特点。比如，建筑表现图的构图应注意几个问题：

（1）主要建筑物所占面积通常约为纸面的1/3，建筑物设置地面的面积应小于天空的面积，这样才有稳重感；

（2）建筑物左右应留空间，用来增添配景，充实画面；

（3）天空面太大，图面显得很空，可以绘制较近的树叶来填补画面；

（4）透视图中的前景、建筑物、背景三部分，要用不同明度的对比区分使画面有前后深度感，突出建筑物；

（5）建筑透视图中如有配景，可以使画面活泼生动，并可通过配景，使人对建筑物的认识更加真实（图 1-2-9）。

图 1-2-9

三、透视

空间设计专业人士必须掌握透视的基本原理，因为它是绘制效果图的基础，是关键的第一步。一幅成功的设计表现作品必须有着准确、严谨、经得起推敲的透视关系，否则即使色调再和谐、质感再丰富、细节再深入，也是一件失败的作品。

1. 透视

透视是根据设计作品的平面、立面、剖面等图纸，运用透视几何学的原理，将三维空间或形体，在图纸画面上转换成具有立体感的二维空间的绘图技法，透视能够充分反映空间或形体的视觉效果。

2. 透视图的特点

（1）近大远小，近高远低。形体距离绘图人越近，所得到的投影就越大；反之越小。距绘图人越近，物体投影越高；反之越低。

（2）水平线相交于一点。原本相互平行的水平线，在透视图中，越远越靠拢，直至相交于一点（即灭点）。

3. 术语

要掌握透视，首先应该了解以下几个术语：

（1）视平线。就是与绘画者眼睛平行的水平线。

（2）心点。就是绘画者眼睛正对着的视平线上的一个点。

（3）视点。就是绘画者眼睛的位置。

（4）视中线。就是视点与心点相连，与视平线呈直角的线。

（5）灭点。同一方向的直线消失于视平线上的一点。

（6）立点。就是观察者所站的位置。

（7）视高。就是立点到视点的高度。

4. 透视图的种类和特征

在众多透视画法中，一点透视和两点透视是最为基本的两种形式，也是在一般情况下应用比较广泛的透视形式，三点透视在某些特殊场合也会被采用。环境艺术设计专业在设计表现时经常会用到这几种方法，必须熟练掌握。

（1）一点透视。一点透视也叫平行透视，把立方体放在一个水平面上，前方的面（正面）的四边分别与画纸四边平行时，上部朝纵深的平行直线与眼睛的高度一致，消失成为一点，而正面则为正方形（图 1-2-10、图 1-2-11）。

（2）两点透视。两点透视，也叫成角透视，把立方体画到画面上，立方体的四个面相对于画面倾斜成一定角度时，往纵深平行的直线产

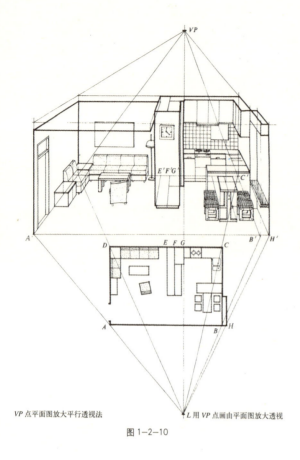

VP 点平面图放大平行透视法　　　L 用 VP 点画由平面图放大透视

图 1-2-10

生了两个灭点。在这种情况下，与上下两个水平面相垂直的平行线也产生了长度的缩小，但是不带有灭点。产生物体透视的两个灭点如图 1-2-12 所示。

两点透视经常有两种情况。

1）微角透视，当画面与墙面方向成小角度的时候，会产生一个灭点在室内空间以内，而另一个灭点较远的情况。在这种情况下，我们能看到室内空间中的五个面，即顶面、地面和三个墙面（图 1-2-13）。

2）普通两点透视，当画面与墙面角度较大时，两个灭点均在室内空间以外，我们通常只看到四个面，即顶面、地面和两个墙面（图 1-2-14）。

（3）三点透视。物体的三组线均与画面形成一定角度，存在三个消失点，故称三点透视，也叫斜角透视。多用于高层建筑和室内的不规则物体和空间（图 1-2-15）。

图 1-2-11

第二章 设计表现基础

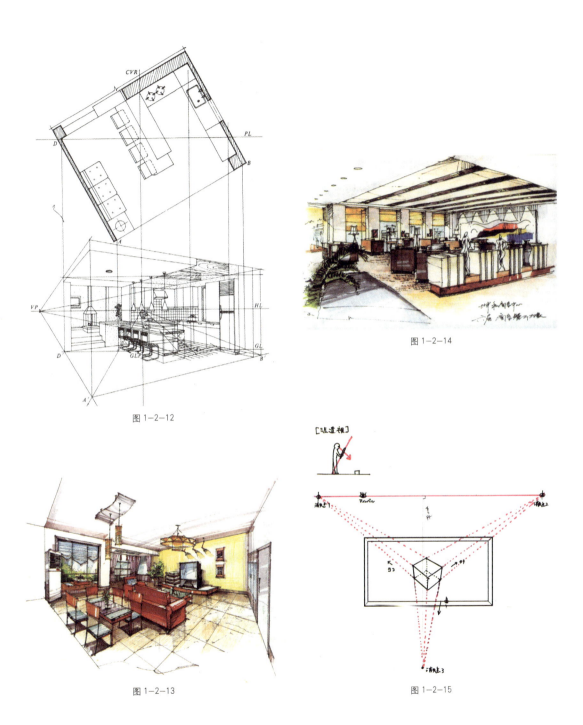

图 1-2-12

图 1-2-14

图 1-2-13

图 1-2-15

15

第三章　资料收集

对空间设计师而言，做任何设计，拿到设计任务书以后，首先要读透读懂任务书的内容，明确设计项目的性质、规模、投资、等级标准、使用特点、所需氛围等要求，并与业主进行广泛的交流，了解业主的总体构想，然后有针对性地进行资料的收集工作。

这一阶段的资料收集，大致可以分为三种类型：现场调查、使用者调查及同类项目比较。

一、现场调查

在项目开始的时候，设计师必须亲自到基地现场进行踏勘，掌握基地的情况。建筑设计、景观设计的基地图纸，通常可以从市政测绘部门直接购买到 DWG 文件，但是具体的现状情况，需要设计师用眼睛去观察、用手去触摸、用鼻子去闻、用脚步丈量、用心灵去感受，只有这样才能体会场所的精神，才能获得设计概念的来源。而所有这些在现场得到的信息，设计师都应该以下列具体的表现方式记录下来。

1. 速写

速写常常以铅笔或钢笔迅速创作，记录下自己感悟最深的东西。设计师需要养成随身携带纸与笔的习惯，随时做视觉笔记。速写要求线条流畅，构图合理，图面有轻重缓急。根据需要，对重点关注的部分可以适当上色，以起到凸显的效果，也可以添加适当的文字，使得记录的信息更为完整，也帮助设计师在离开现场后能更好地回忆当时的情景（图 1-3-1 ~ 图 1-3-6）。

图 1-3-1

图 1-3-2

图 1-3-3

图 1-3-5

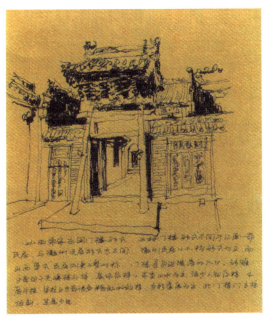

图 1-3-4

图 1-3-6

2. 照片拼贴

拍摄照片是大量快速有效的现场调查记录方法。数码相机的产生及发展，使得拍照成为人人可做的事情，而且成本低廉。但是要注意的是，以照片形式记录的时候，除照片本身在构图、曝光等艺术处理上合理以外，更应明确重点,每一张照片都要清楚体现设计师想要说明的问题。

设计师可以结合既有的平面图,在拍摄时记录拍摄的点位以及角度,这样在完成调查后,把所有照片打印出来,贴到平面图上相应的位置,并在照片旁边写下自己拍摄这张照片想要说明什么,这将有利于所有设计参与方加深对现场的认知(图1-3-7)。

3. 摄像

与照片相比,摄像更具优势,它不仅可以动态连续地记录现场的情景,更能记录下现场的各类声音,这就为设计师提供了更多的信息,也因此将给设计师带来更多的灵感来源。

4. 测绘图纸

有时候,由于基础图纸不齐全,或者图纸与现状有不一致的地方,就需要设计师在现场踏勘的时候,同时进行测绘。这种情况在室内设计中尤其常见,而且室内设计对尺寸细节要求严格,必须精确测量并记录。

测绘图纸可以以现有的图作为底稿,在对其中未注明或又不符合实际情况的部分进行测量后,将相关数据在图上进行记录,亦可加以文字进行说明。所有记录都应清晰无误,最终该记录图纸将被重新整理,调整数据,成为最终定稿。

二、使用者调查

无论空间设计的内容是建筑、室内,还是景观,该作品都是要为人服务。因此,对使用者进行调研就尤其重要。对使用者进行研究,关注其行为模式以及其情感需求,这些将对之后的设计产生重要的影响。研究可以采用很多形式,观察、访谈等都行之有效,记录和表现的方式也多种多样。其要求就是要凸显设计需

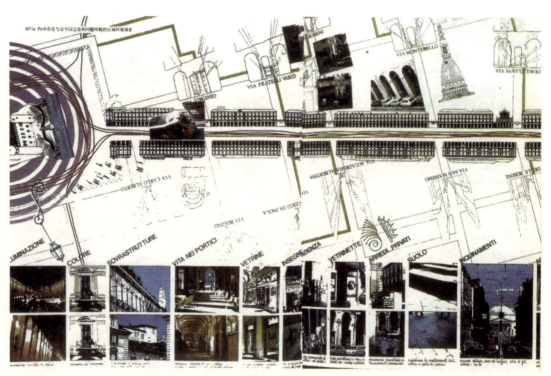

图1-3-7

要重点解决的问题，引起共鸣，并自然而然地带出解决问题的方向。

这部分表现大致的形式可以是表格、速写、照片拼贴，甚至是漫画等（图1-3-8）。

三、同类项目比较

在进行一项设计之前，对同类项目进行搜集、分析、比较是必要的。同类的项目既可以是之前既存的项目，成功的或失败的，都可以拿来研究，也可以是同时期正在进行的一些项目。这些工作可以使手上的设计工作趋利避害，走上一条正轨。

对同类项目的比较，都应该通过图纸表现出来，表现的形式没有限制范围，但是都要做到明确说明该项目的特点，以及可以借鉴的地方（图1-3-9~图1-3-12）。

图1-3-8

图1-3-9

第一篇 空间设计表现篇

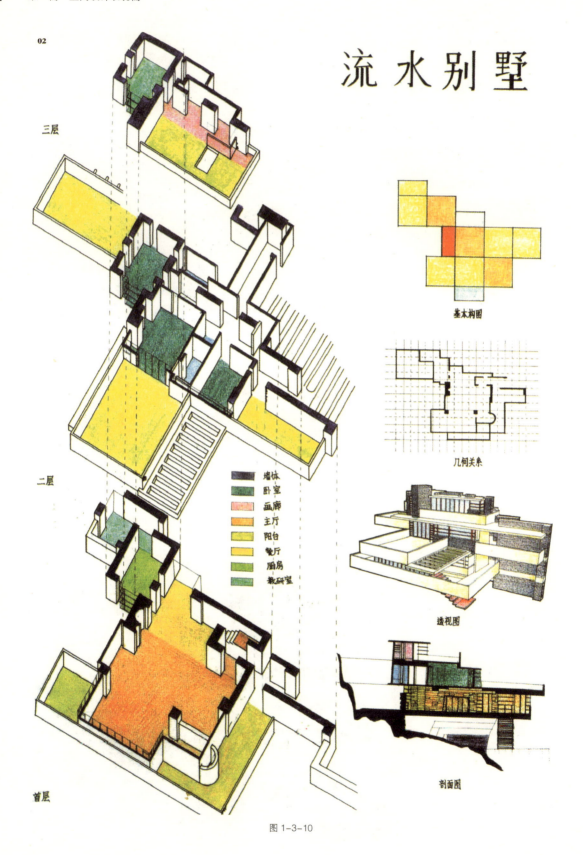

图 1-3-10

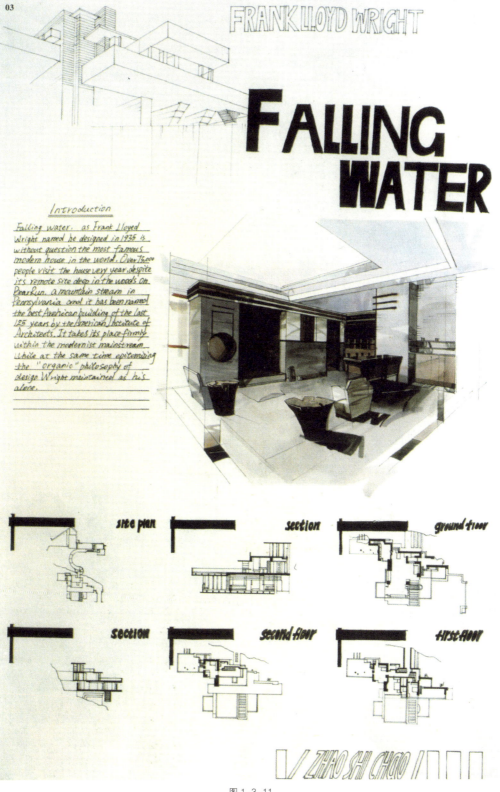

图 1-3-11

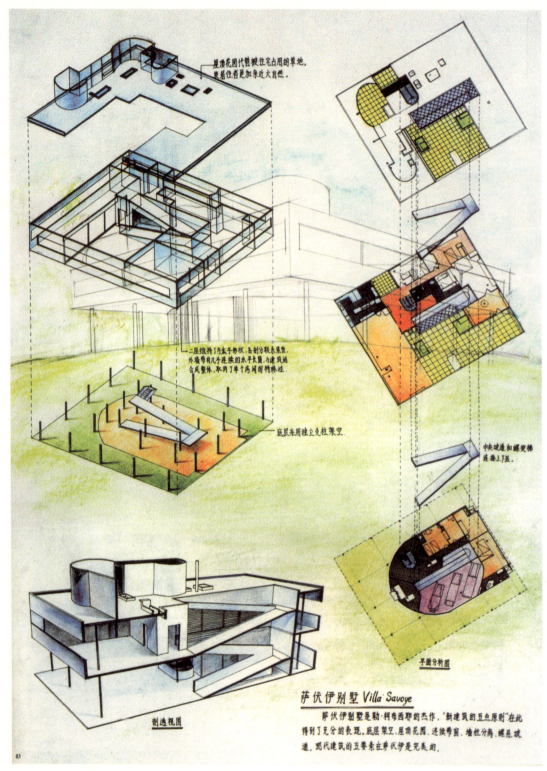

图 1-3-12

第四章　方案设计

在方案设计阶段，设计师要绘制大量设计概念草图，这些图纸有别于设计师之前在资料收集阶段所绘的那些主要用于记录的图纸。之前的图纸属于设计师根据自己对基地及其他相关材料的理解绘制的记录性图纸，只要设计师自己能够理解就可以，而设计概念草图将用于设计师和业主之间的交流和沟通。

方案设计阶段的图纸，尽量坚持手绘为主，电脑为辅。手绘的好处在于能够快速方便地记录设计思想，与头脑思考之间达到无缝连接，可以直接将设计思维转化为形式语言展现出来。相对而言，电脑在这方面就要逊色一等。

一、设计构思与分析

设计构思和对设计作品的分析，一方面，帮助设计师推进设计的发展，理清设计师自己的设计思路；另一方面，也在与业主的沟通中，使业主更易于理解设计概念，了解该设计的长处与特色。

1. 气泡图

气泡图实际是一种图解方法，在空间设计中，经常用来确定平面布局。根据任务书所给出的空间要求，以及事先研究的空间与空间之间的关系，绘制成具有本体位置、相互关系的抽象图形（随意的圆圈，也就是气泡）表现形式，具有直观的方向位置感和交通连接的远近，是进入正式平面设计前的重要图形思维作图方式。

由于抽象的图形没有具体的空间束缚，可以自由地推敲最理想的功能分区形式（图1-4-1）。

但是，虽然这种没有具体空间束缚的抽象图形分析能够得出理想的功能分区形式，但是这种形式必须放入特定的空间中进行验证。由于徒手绘制的随意性圆圈没有严整的边界，方向性也不强，在具体的限定空间中能够相对随意地设置，从而使设计师在最初阶段能够不拘泥于小节，在整体上把握各类功能空间之间的关系，设定合理的空间位置，分析利弊得失（图1-4-2）。

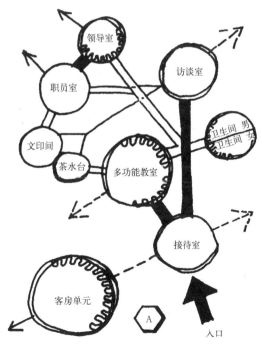

图 1-4-1

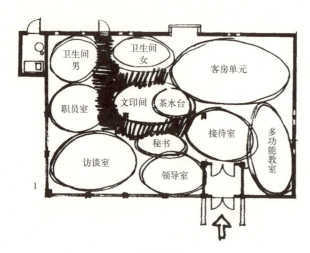

图 1-4-2

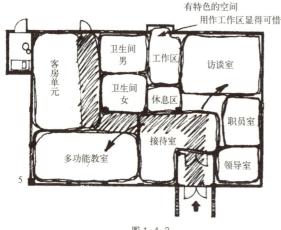

图 1-4-3

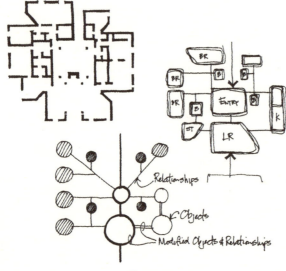

图 1-4-4

圆圈随即将被徒手绘制的矩形替代。矩形具有明确的方向和边界，两个矩形相邻的边界可以理解为墙体或通道。这一转变为空间实体界面的划分打下了基础，它既是气泡图的深化，又是空间实体界定的可行方案，设计由此进入功能分区方案平面图的绘制（图 1-4-3）。掌握这个过程对于初学者非常重要（图 1-4-4）。

2. 意向图和概念图

为了把握大局和进度，设计师往往先会收集一些资料，制作意向图来向甲方表明大的设计方向，以直观的图片方式告诉甲方自己的设计意图，在得到认同之后才会继续深入往下做方案。选用图片都是设计师经过认真选择，认为符合自己的设计要求，能够统一运用到同一个方案中的（图 1-4-5）。

与此同时，设计师也会简单勾画一些设计概念的草图，这些图非常潦草，甚至只有设计师自己能够看得明白。但是，这些草图记录了设计师在构思过程中连续的或片段的想法，在内容上大致为平面布局、空间关系、形式元素等，可以是整体的，也可以是局部的。这些草图是设计师拨云见日，逐步开始明确设计概念的记录（图 1-4-6 ~ 图 1-4-20）。如果妥善保存这些概念草图，我们会发现它们与最终实现的方案之间有着明显的联系（图 1-4-21、图 1-4-22）。当然，在草图与最终方案之间，还有深化、细化的工作。

第四章 方案设计

图 1-4-5

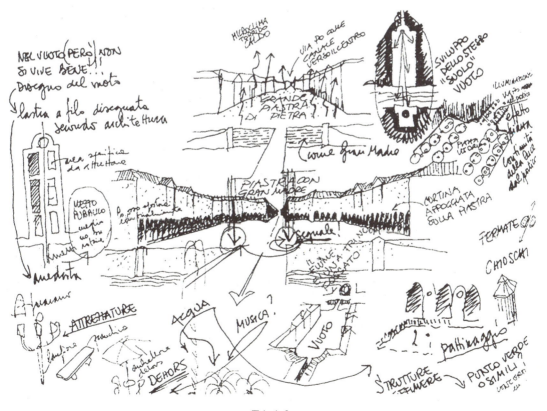

图 1-4-6

25

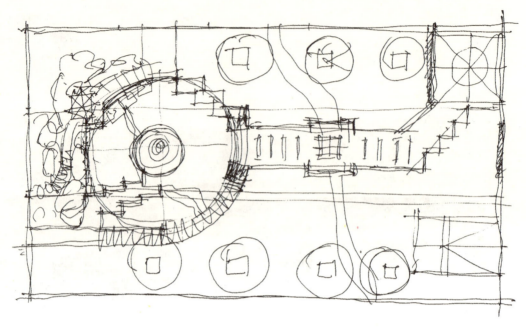

图 1-4-7

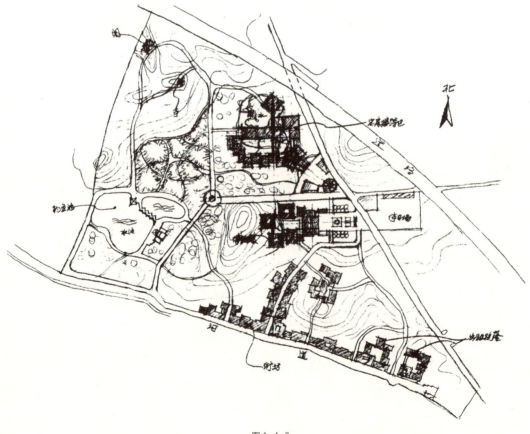

图 1-4-8

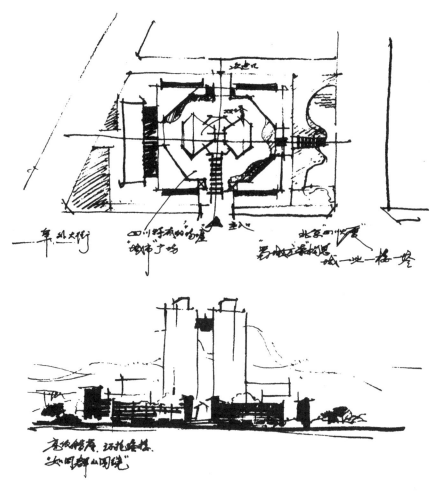

图 1-4-9

图 1-4-10

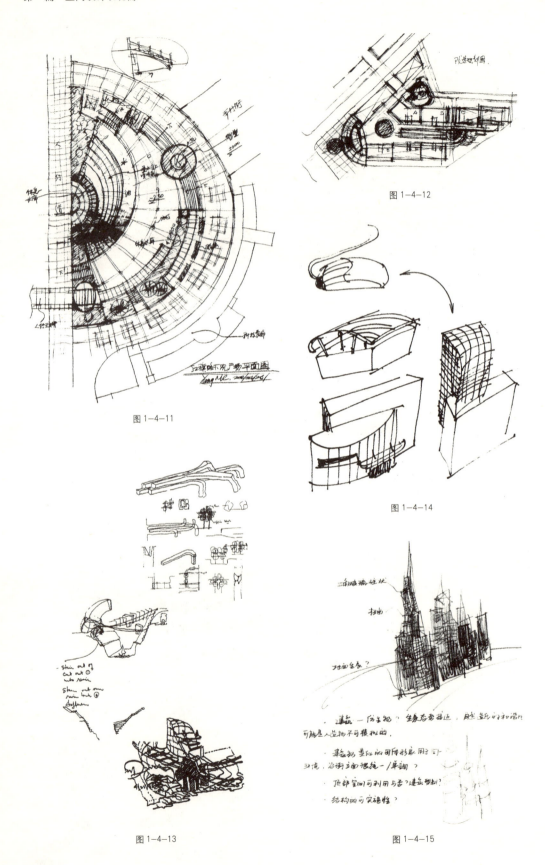

图 1-4-11

图 1-4-12

图 1-4-13

图 1-4-14

图 1-4-15

图 1-4-16

图 1-4-20

图 1-4-17

图 1-4-21

图 1-4-18

图 1-4-22

3. 分析图

在空间设计的过程中，设计师也需要对不断产生的各种概念和方案进行解析，绘制各种分析图，用于讨论和交流，从而逐步明确设计方向，走向最终的定稿。这些分析图没有固定形式，也不限定表现工具，设计师可以自由发挥，不断创新，利用各种手段，手绘的、电脑的，只要有助于分析的，能够把问题分析清楚，分析透彻，都可以被采用（图 1-4-23～图 1-4-39）。

图 1-4-19

第一篇 空间设计表现篇

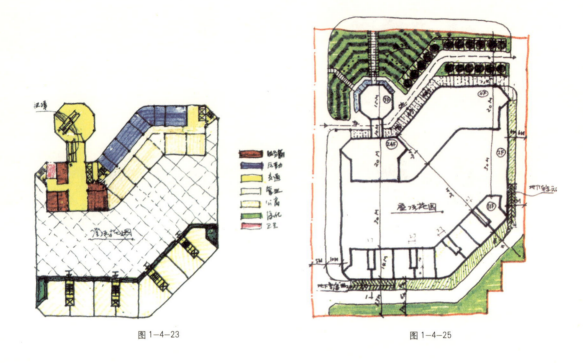

图 1-4-23

图 1-4-25

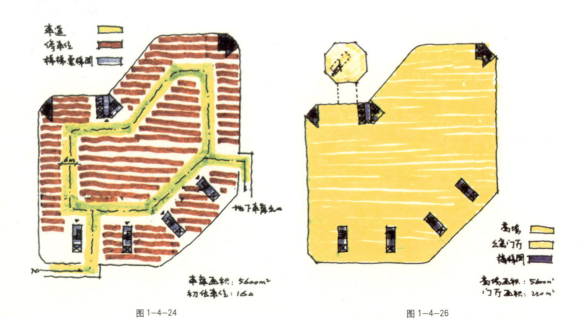

图 1-4-24

图 1-4-26

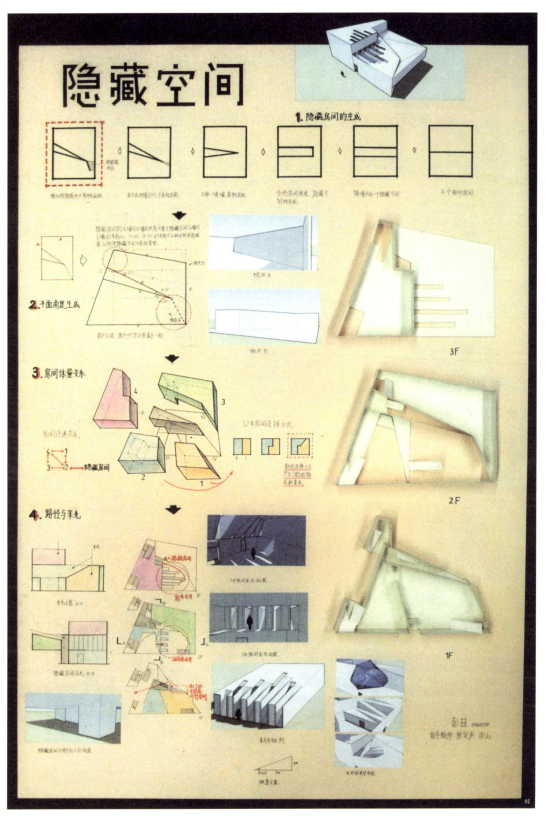

图 1-4-27

第一篇 空间设计表现篇

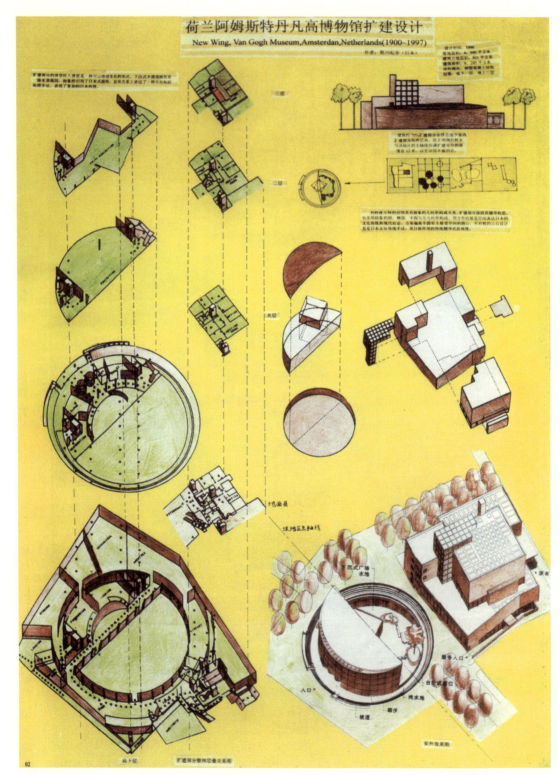

图 1-4-28

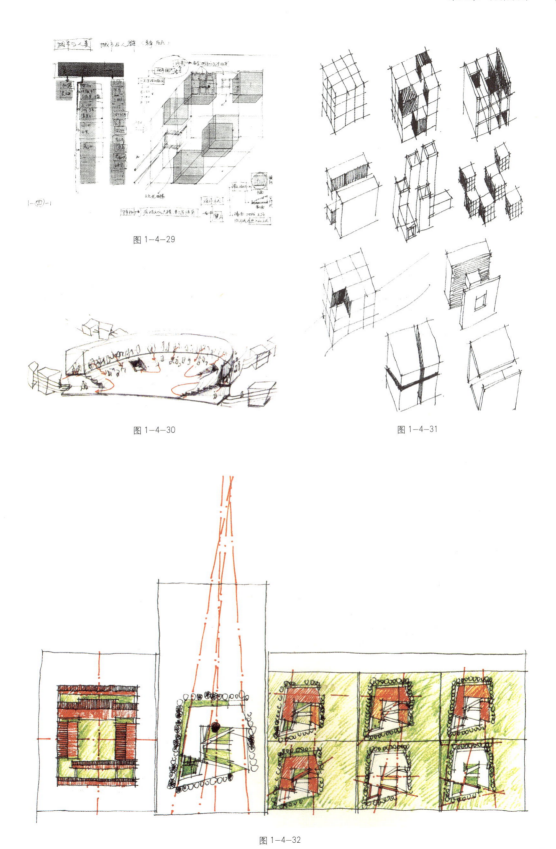

图 1-4-29

图 1-4-30　　　　　　　　图 1-4-31

图 1-4-32

第一篇　空间设计表现篇

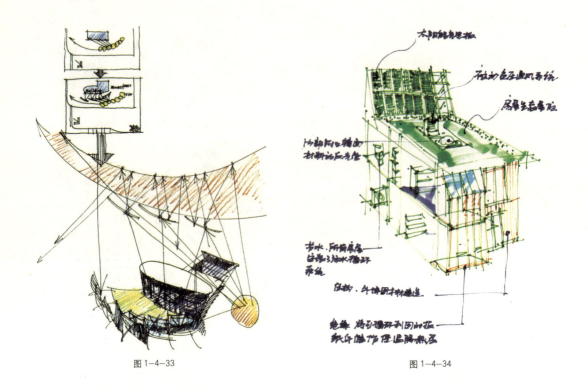

图 1-4-33　　　　　　　　　　　图 1-4-34

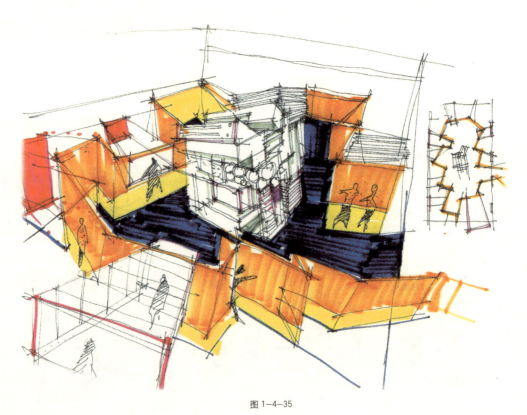

图 1-4-35

第四章 方案设计

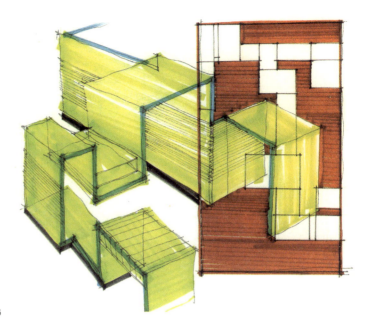

图 1-4-36

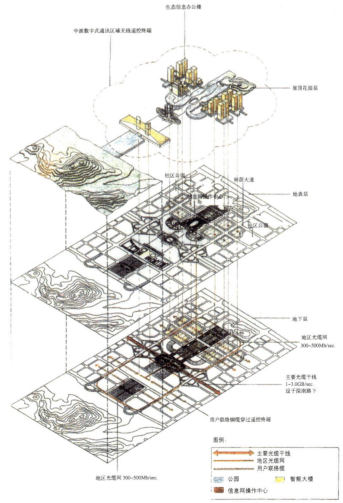

图 1-4-37

35

第一篇 空间设计表现篇

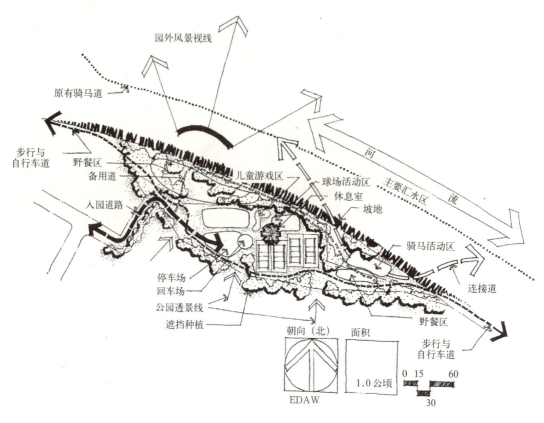

图 1-4-38

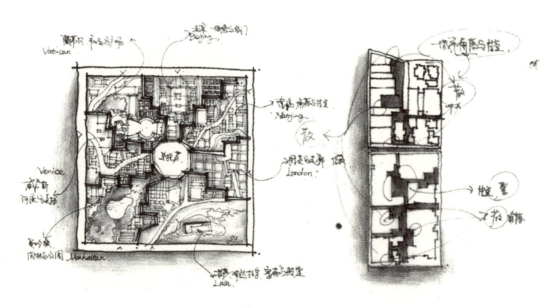

图 1-4-39

比如，在设计过程中，利用电脑建立抽象的分析模型，是最易于交流的形式，并可以使设计信息多层次地同时进行传递和接收。在这类电脑模型中，会大量运用符号、线条和说明文字，使分析模型易于被解读，从而进入设计交流阶段。在设计交流阶段，模型表达出许多不确定的因素，即会产生更多的可能性，为设计的最终确立奠定基础（图1-4-40～图1-4-45）。

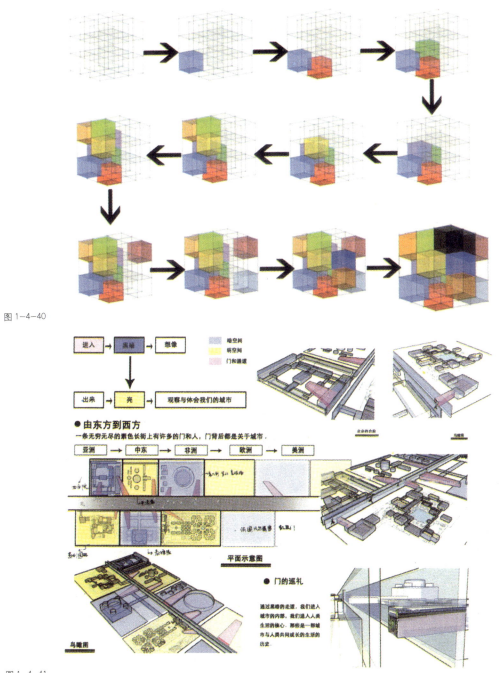

图1-4-40

图1-4-41

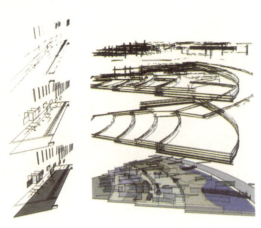

图1-4-42

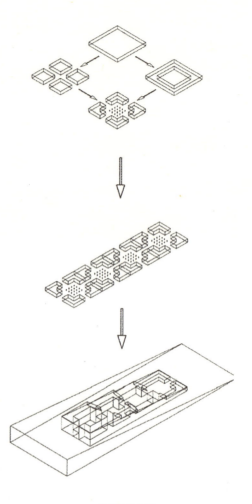

形态结构分析

图1-4-44

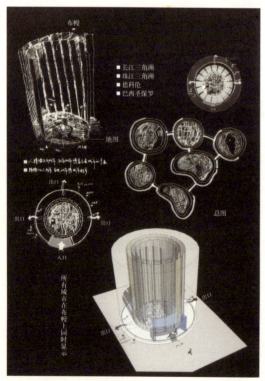

图1-4-43

图1-4-45

二、方案草图

1. 多视图

任何三维物体表面沿着某一方向垂直投射到承影面上所呈的图形便称为正平行投影图，即多视图。在空间设计专业中，多视图大致包括平面、立面、顶面、剖面等，是以一定比例准确反映建筑或空间及各组成部分数量关系的规范的概念图纸。它们与人们实际观察成像并不相符，是抽象思维的结果。通过多视图，我们可以准确反映空间设计中的位置、形状、尺寸、比例及构造关系。

在建筑设计的项目中，首先会有总平面图，用以表达建筑与场地以及周边环境的关系（图1-4-46~图1-4-48）。平面图主要表达各功能空间或形体的大小、相互关系、相对位置等（图1-4-49~图1-4-56）。立面图主要表达各功能空间或形体内部或外部的垂直面的造型和空间形体的相对前后关系（图1-4-57）。顶面图主要表达吊顶的分割造型、空间高度变化及设备设施的布置情况（图1-4-58）。剖面图主要表达各空间内部的相对高度和结构设备等隐蔽工程的构成情况（图1-4-59、图1-4-60）。

上述图纸，都是正投影的二维草图。二维草图具有准确反映空间和形式的真实形状和大小，以及它们之间的相互关系的特征。二维草图是后期绘制施工图纸必不可少的前期准备。

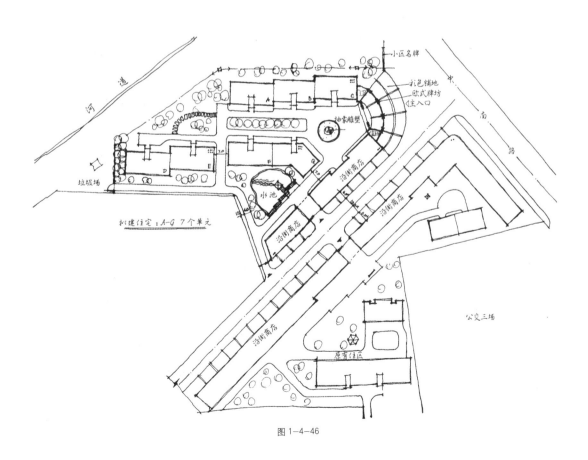

图 1-4-46

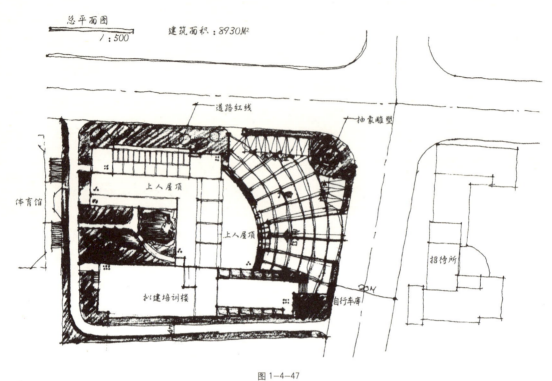

图 1-4-47

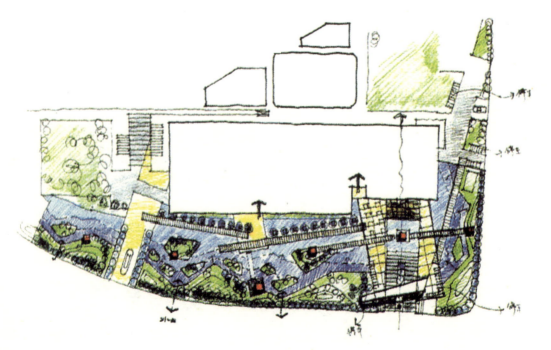

图 1-4-48

第四章 方案设计

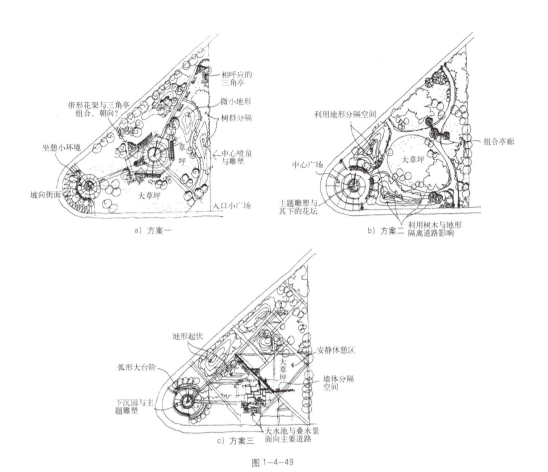

图 1-4-49

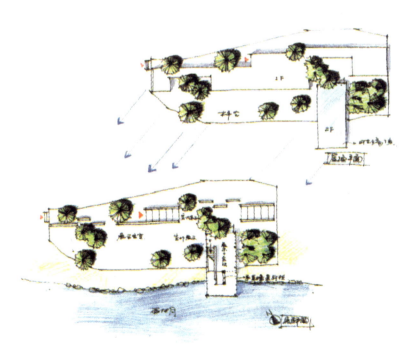

图 1-4-50

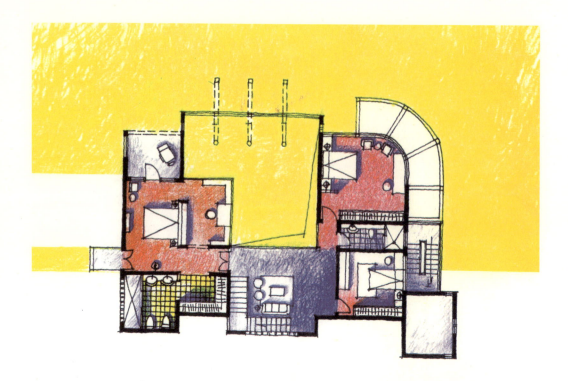

图 1-4-51

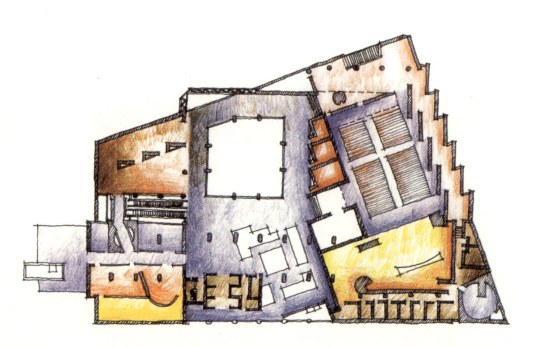

图 1-4-52

第四章 方案设计

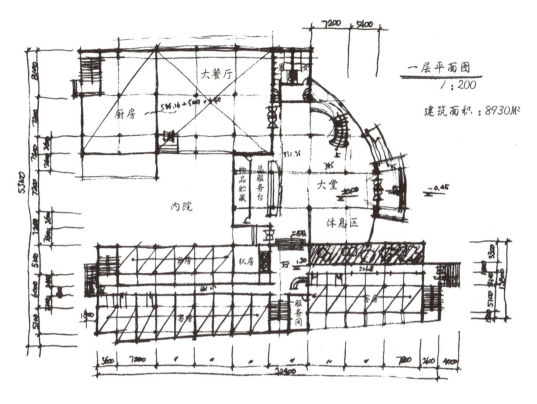

图 1-4-53

图 1-4-54

图 1-4-55

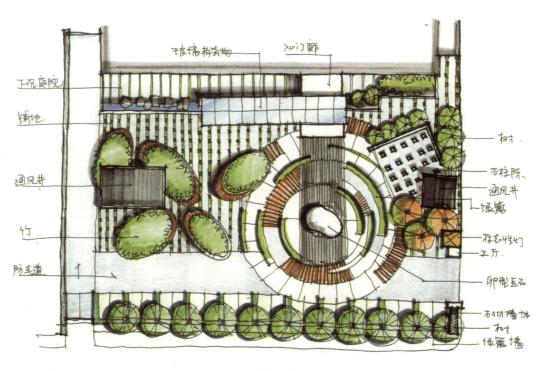

图 1-4-56

第四章 方案设计

图 1-4-57

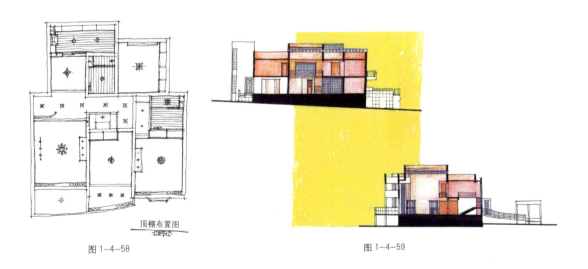

顶棚布置图

图 1-4-58

图 1-4-59

45

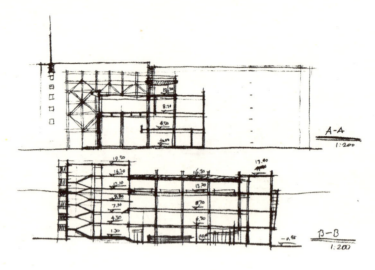

图 1-4-60

除了二维草图，设计师在方案设计阶段还需要绘制三维草图。三维草图是具有长、宽、高三维特征的立体草图。它是研究环境和空间的立体效果，给人直观感受所必不可少的草图，也是绘制正式效果图所必不可少的环节。在空间设计中，运用最多的就是轴测图和透视图两种类型。

2. 轴测图

轴测图采用平行投影的方法绘制而成，只是 X、Y、Z 轴均与投影方向呈一定角度。轴测图主要用于全面反映综合性大型空间和大范围的建筑形体的组合关系或者做空间分析图，同时也可以代替鸟瞰透视图以反映整体形象。轴测图不受表现范围的限制。它的长宽高三个方向的尺寸均可以通过 X、Y、Z 轴分别进行度量，这种数量上的精确性和三维立体化的图示特征，使其成为一种较透视图更理性和真实的空间表现形式（图 1-4-61~ 图 1-4-65）。

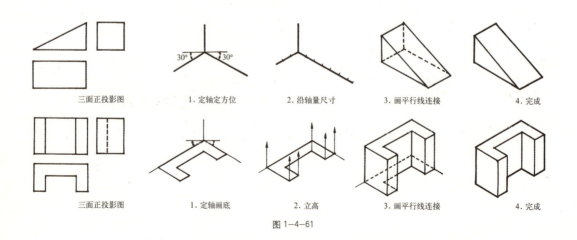

图 1-4-61

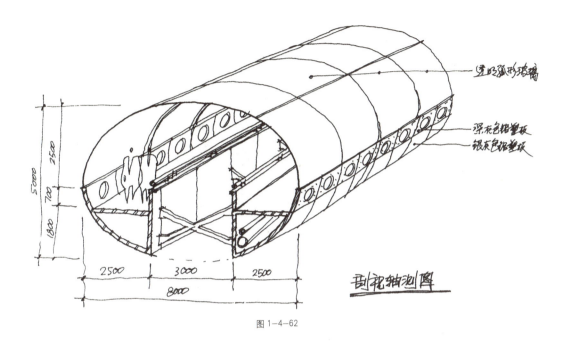

图 1-4-62

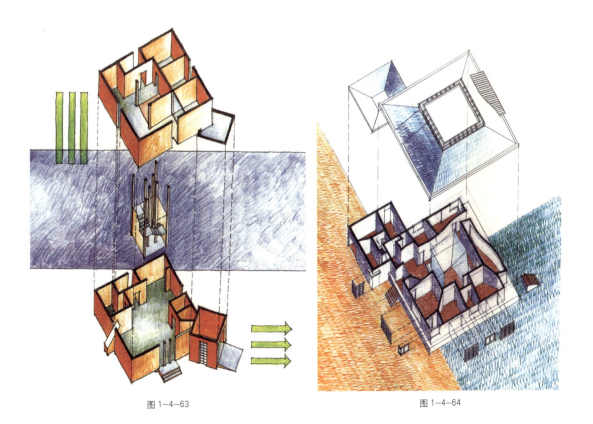

图 1-4-63　　　　　　　　　　　　　　　　图 1-4-64

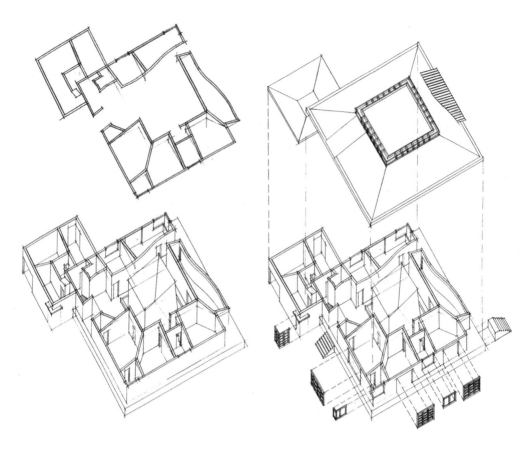

图 1-4-65

3. 透视图

关于透视,本书已经在第二章第三节对其分类和特征作详细介绍。由于透视图采用的是中心投影,符合人眼的视觉习惯,因此具有极强的表现力。它可以将多个视图综合地表现在一个画面上,因此最能全面反映设计师的设计构想。设计师都应该掌握透视图的绘制方法,并熟练地运用到方案设计中去。

在方案构思阶段,透视图的表现是指在透视作图的基础上,以徒手的表现方式,快捷省时地绘制出手绘效果图的方法。徒手透视表现激发强调以概括的手法,删繁就简,在不借助尺规工具的前提下,快速有效地把方案的空间效果表达出来。

在画透视图之前,首先设计师应该在空间中选择一个合适角度,力图通过几张透视图,就能够非常有针对性地表现出设计方案中最能体现设计概念,也是最重要的、最有特色的地方。设计师还应确定以多高的视点和何种类型的透视图来表现这一空间。

通常,平视被最多运用,它的视点高度一般为1.6m左右,由于它符合人的视觉习惯,所以会给人亲近感和熟悉感。这种透视适合表现建筑的立面特征、室内和景观、展示设计中的普通场景。平视也有两种情况,即一点透视和两点透视。

一点透视呈对称构图,通常给人一种庄重、宁静的心理感受,适合表现纪念馆、政府机关、办公场所等庄重严肃的建筑及室内外环境（图1-4-66、图1-4-67）。一点透视在表现空间环境时能够表现出较强的纵深感，同时能够表现出正立面、左右立面及地面、顶棚。其弊端在于，如果处理不好，画面会显得呆板。

两点透视是建筑表现图中运用最为广泛的透视方法，能够比较自由、灵活地反映出建筑的正面和侧面，容易体现立体感，并具有较强的明暗对比效果和表现力（图1-4-68、图1-4-69）。两点透视的画面表现生动活泼、灵活多变，适合表现建筑外观及室内局部空间或家具造型。其弊端在于当视点角度选择不当时，透视就会变形。

俯视或鸟瞰也经常被用来表现建筑的屋顶结构、建筑群中单体的空间关系或景观设计的大面积场地（图1-4-70、图1-4-71）。

仰视被用来表现建筑室内的顶部特征或者高层建筑，用以渲染出一种崇高、神圣、威严、霸气的氛围（图1-4-72）。

俯视和仰视都属于三点透视，具有强烈的透视感和视觉冲击力。在表现高层建筑时，特别是建筑的高度远远超过其长度和宽度时，适宜用这种透视方法。景观鸟瞰图能够清楚地展现场地内的全景和场地与周边环境的关系，具有整体氛围；建筑鸟瞰图易于表现建筑的顶部构造，以及建筑与周边建筑、环境的关系；建筑仰视图则充分表现出建筑的高大与雄伟，渲

图1-4-66

图1-4-67

图1-4-68

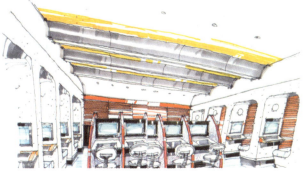

图1-4-69

图 1-4-70

图 1-4-71

图 1-4-72

染了一种具有压迫感、气势感的空间氛围；室内仰视图适合表现高尺度的室内空间，能把吊顶的构造表现清楚（图1-4-73）。

选择好视点高度以及透视的类型以后，就可以开始按照透视的原理，绘制透视表现图。以室内设计为例，徒手透视图表现的线稿画法主要有以下几步。

（1）用铅笔按照透视原理勾画空间轮廓。这一步要求设计师将基本的空间确定下来，并且将主要的透视关系交代清楚（图1-4-74）。

（2）从画面的视觉中心开始，用钢笔勾画物体的轮廓。要求在透视关系准确的前提下，表现出钢笔线条的美感和物体的质感，以及室内空间的光影变化规律（图1-4-75）。

（3）在勾画完画面中心部位的物体以后，按照由远及近的步骤，从室内空间的远处向近处逐层刻画其他物体（图1-4-76）。

图1-4-73

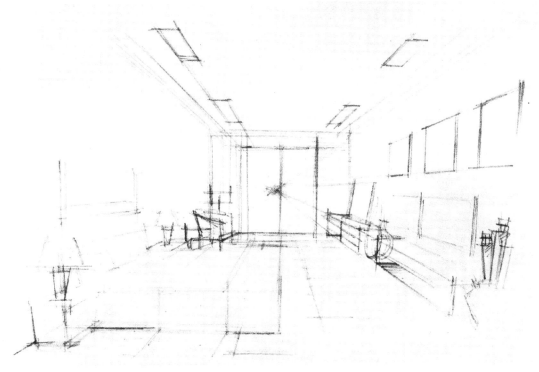

图1-4-74

图 1-4-75

图 1-4-76

(4)将画面的最后部分绘制完整,并调整好画面的虚实和主次关系(图1-4-77)。

在做景观设计时,经常需要绘制场地的全景鸟瞰图。由于景观设计一般场地的长宽尺度常常远远大于其高度,所以这类鸟瞰图可以直接在总平面图的基础上,通过一些处理手法来实现,比如增加物体高度、刻画阴影等。曲线的路径和形态,则可辅以平面网格的透视变化来帮助实现(图1-4-78、图1-4-79)。

绘制透视线稿图的关键在于用线,功能不同的线,其特点也不同。轮廓线是搭建物体有力的支撑线,因此这类线的用笔一定要坚定、有力、流畅、连贯,一根线尽可能一笔画完,画不完则空开一点继续画,描绘清楚对象的结构关系。垂直的两根线的交界处一定要交叉出头,不要留缝隙(图1-4-80、图1-4-81)。

虽然在方案设计阶段我们强调手绘,但是面对复杂的形态或空间的时候,设计师难以快速勾勒出正确的空间透视关系,这时候借助尺规也是不错的办法,也可以借助电脑建立大致的框架模型,用软件中的照相机拉出所需要的

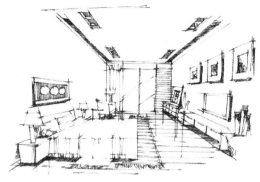

图 1-4-77

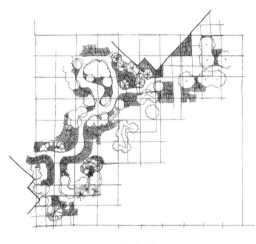

图 1-4-78

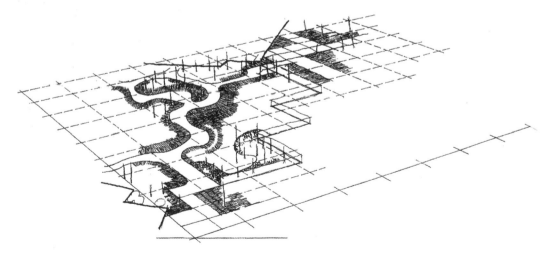

图 1-4-79

透视角度,将其打印出来,作为底稿,再在上面刻画细节,这些办法都将明显提高绘图的速度。总之,快速对于方案设计阶段的表现来说非常重要。

有些时候,方案需要用色彩来更加明确地说明问题,就需要设计师绘制上色的透视图。上色后的透视图,图面更加丰富,表达的信息也更充分(图1-4-82~图1-4-84)。在完成透视线稿的基础上,选择自己最擅长的工具,比如马克笔,或者彩色铅笔,来完成上色的工作。

图1-4-80

图1-4-82

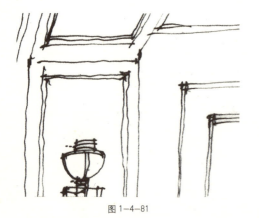

图1-4-81

图1-4-83

以马克笔给室内透视图上色为例，徒手透视的着色画法主要有以下几步。

（1）运用灰色马克笔将室内空间的素描关系表达出来（图1-4-85）。

（2）运用咖啡色马克笔将室内的木质材料表达出来；运用蓝色和灰紫色的马克笔将室内的玻璃表达出来；运用绿色的马克笔将室内的植物表达出来（图1-4-86）。

（3）调整和完善室内空间的色彩关系，丰富色彩细节（图1-4-87）。

而在绘制建筑透视图时，上色时候首先要确定建筑物与配景的色调，把握整体色彩关系，用笔要简练、豪放、传神，形成画面疏与密、严谨与放松的对比。同时，主与次的不同处理也可丰富画面，还可以利用笔触、色块的大小变化形成画面的点、线、面节奏（图1-4-88~图1-4-90）。

我们来看一组建筑及其周边景观上色的步骤图（图1-4-91~图1-4-95）。

运用马克笔表现景观效果图时，由于景观元素比较多，因此在色调上一般不要超过三种（图1-4-96~图1-4-99）。

与马克笔相比，彩色铅笔是一种比较细腻的上色工具。马克笔适合用来画大块面的颜色，彩色铅笔则适合画细腻、微妙的颜色变化。彩色铅笔具有使用方法简单、色彩稳定、容易控制、易涂改、不易失误等优点，常常被用来画设计草图、平面立面的彩色示意图和一些初步的设计方案图。在快速表现中，较多地采用水溶性彩色铅笔，其特点是颜料遇水后可以自然地溶解渗透，以便完成大面积整块色调的表现（图1-4-100、图1-4-101）。

方案设计阶段的透视图还处于方案的修改和调整中，很多元素尚未最终确定，图面也相

图1-4-84

图1-4-85

图1-4-86

图1-4-87

第一篇　空间设计表现篇

图 1-4-88

图 1-4-89

图 1-4-90

第四章 方案设计

图 1-4-91

图 1-4-92

图 1-4-93

图 1-4-94

第四章　方案设计

图 1-4-95

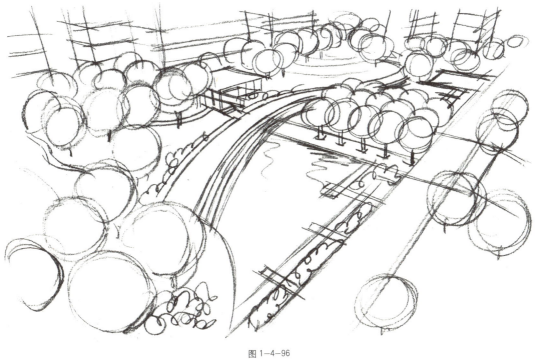

图 1-4-96

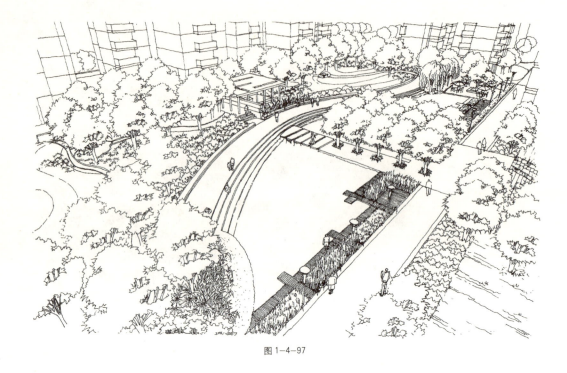

图 1-4-97

图 1-4-98

第四章 方案设计

图 1-4-99

图 1-4-100

对潦草，因此设计师也可以在图上添加文字对于表达不明确的地方作出说明，以便在讨论中更有助于理解（图 1-4-102）。

4. 节点详图

在空间设计中，当设计方案逐步深化和清晰，并开始定型的时候，设计师需要考虑具体的节点或细节部分的设计，确定其构造方式和施工工艺。建筑设计的构件、室内设计的隔断或家具、景观设计中的设施等，都是需要认真设计的节点。细节决定成败，优秀的设计方案一定具有精致的节点设计（图 1-4-103~ 图 1-4-108）。

第一篇 空间设计表现篇

图 1-4-101

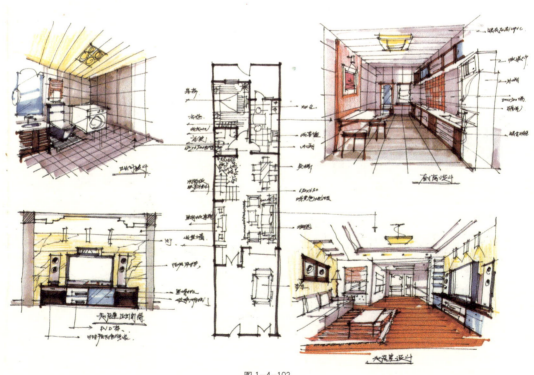

图 1-4-102

第四章 方案设计

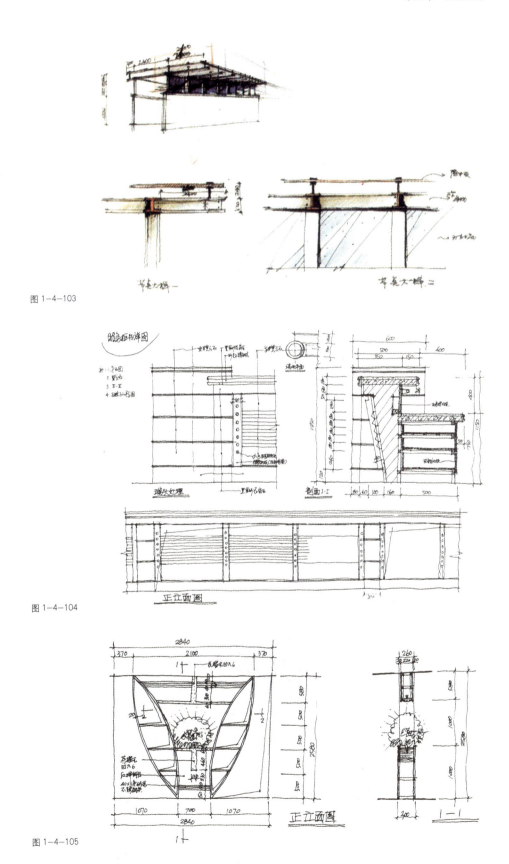

图 1-4-103

图 1-4-104

图 1-4-105

第一篇 空间设计表现篇

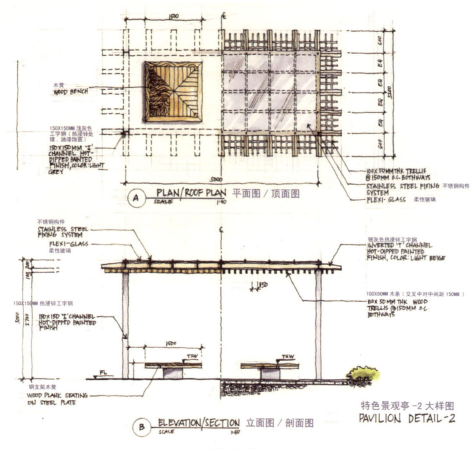

图 1-4-106

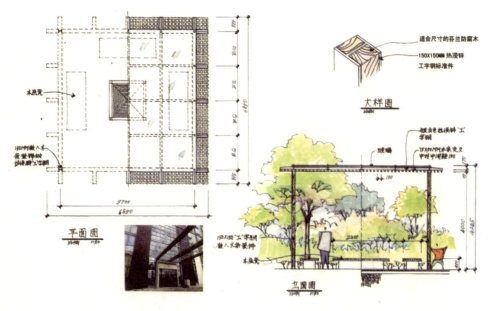

图 1-4-107

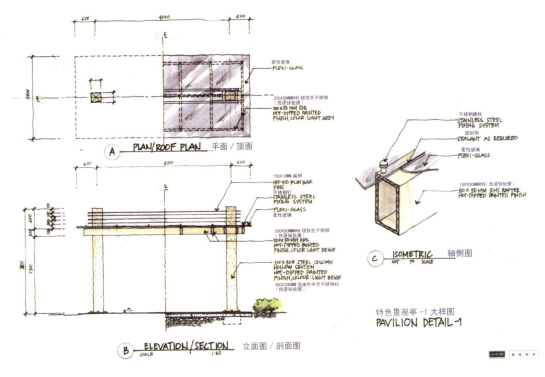

图 1-4-108

5. 工作模型

所有的图面表现，都局限于二维的平面，而真正的空间设计，是三维的。当今的空间设计，也鼓励设计师从三维设计直接开始进行构思创作。这种三维的思考与表现相交织，直接促进了设计师的灵感和新思路的产生。但是，三维思考方式对设计师的要求非常高，有很多三维空间设计师无法在头脑中想得清楚、想得透彻，这个时候，制作工作模型是最有效的办法。

工作模型可以分为两类：手工制作的模型和电脑建模的模型。

制作手工工作模型的时候，设计师应该选择容易操作的材料，比如纸板、泡沫塑料，甚至肥皂等，根据一定的比例，快速切割出体块并且搭建起来，在体块和体块之间无需牢固粘接，因为一切都还在调整之中。通过工作模型，设计师可以从各个角度观察体块群体与周边环

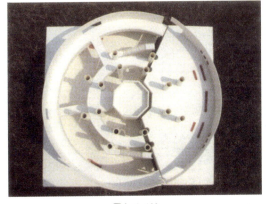

图 1-4-109

境的关系、体块与体块之间的关系，空间的形态、空间的序列等设计中需要考虑的重要因素，然后指出该方案的不足之处，通过调整逐步明确设计的状态（图 1-4-109~图 1-4-113）。

手工工作模型是相对粗糙和简易的模型表达方式，它可以应对大部分设计方案的需要。但是遇到空间复杂、形态特异的设计方案，制

图 1-4-110

作手工工作模型的方法就受到局限,无法实现工作模型的作用。这时候借助电脑直接构建三维模型进行创作是较好的办法。

建立数字化概念模型是一种立体化计算机草图,是在设计构思还处于比较模糊或朦胧状态的时候所形成的三维表现形式。这时,设计师可以自由设定设计方案,快速模拟具体的设计构思(图 1-4-114~ 图 1-4-117)。

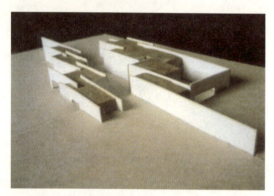

图 1-4-111

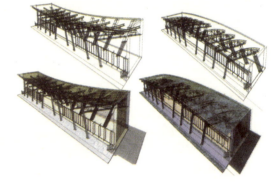

图 1-4-114

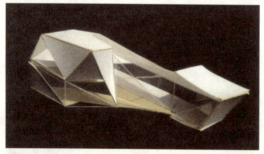

图 1-4-112

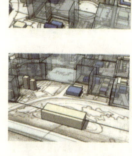

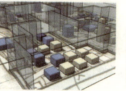

图 1-4-113

图 1-4-115

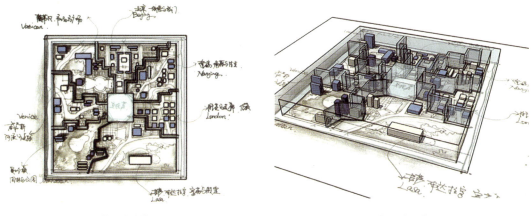

图 1-4-116　　　　　　　　　　　图 1-4-117

在空间设计中，概念模型伴随着三维设计思维的形成与发展。设计师可以直接在计算机三维空间中展开设计，这个过程自始至终充满着选择和调整的余地。

基于计算机辅助设计的便捷数字化特性，计算机概念模型通常都是快速建成的，用于激发灵感，是设计师设计构思快速成型的结果。

它还具备快速修改的特点，设计对象可以被自由地拉伸、缩短，以便设计师直观地观察空间或形态各个部分的组合关系。

从工作模型中，设计师能够提炼出最基本的设计灵感，能捕捉到最重要的第一灵感。因此，我们鼓励在方案设计阶段，多采用制作工作模型的方式来讨论和调整设计。

第五章　成果表现

在确定了设计的方案以后，设计师必须通过有效的方式与方法将它表现出来，也就是需要将方案最终提交给业主，以便业主一方面对该设计项目实施完成以后的形象有明确的预知，另一方面对其进行造价的估算，并且提供给施工人员参照。设计成果的表现大致有效果图、施工图、模型等几种形式。近年来，电脑三维动画技术的发展，使动画也成为重要的表现手段。这些表现形式各具特点，设计师可以根据不同的情况进行选择。无论选择什么方式，成果表现都必须形象客观地表达设计师的设计意图和构思。

一、效果图

在方案设计完全定稿以后，需要绘制最终的效果图。这时候，普遍的做法是选择电脑作为效果图的表现工具。究其原因，无非三点：①电脑效果图数字化建模对于空间关系的表现更为准确；②电脑渲染的效果图可以模拟自然光和人工照明的特征，表现建成以后会出现的状态；③电脑效果图采用贴图技术，其对材质的表现更加真实到位。电脑效果图表现的这三点优势恰恰都是手绘效果图的弱项，因此，选择电脑效果图作为最终设计成果的表现方式有其合理之处（图1-5-1~图1-5-7）。

当然，如果选择手绘效果图，也仍然是受欢迎的方式。相比方案设计阶段，最终成果表现的手绘效果图则需要画得更加准确，设计师有必要借助尺规等工具，将图面画得更加细致，也可以通过电脑绘制线稿，打印出来以后进行手工上色。由于马克笔或彩色铅笔绘制的效果图，图面常常比较灰暗，为了加强效果，也可以将手绘效果图扫描成图片，在电脑里进行图像的明暗和色调处理，甚至加入电脑绘画的元素，成为一幅既有手绘特色，又有电脑特点的效果图（图1-5-8 ~ 图1-5-19）。

图 1-5-1

图 1-5-2

第五章　成果表现

图 1-5-3

图 1-5-4

图 1-5-5

图 1-5-6

第五章 成果表现

图 1-5-7

图 1-5-9

图 1-5-8

第一篇 空间设计表现篇

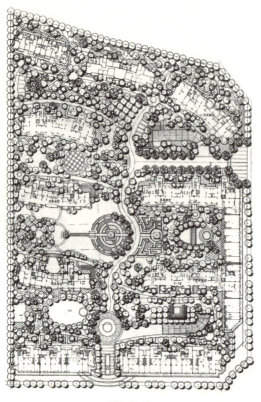

图 1-5-10　　　　　　　　　　图 1-5-11

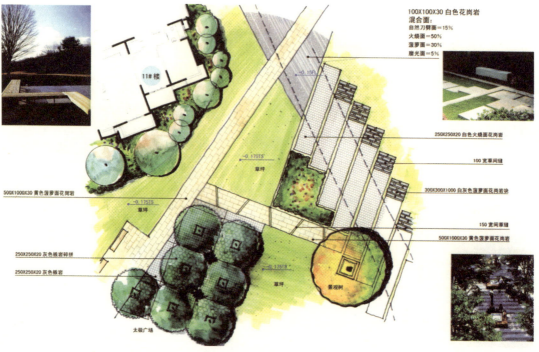

图 1-5-12

第五章 成果表现

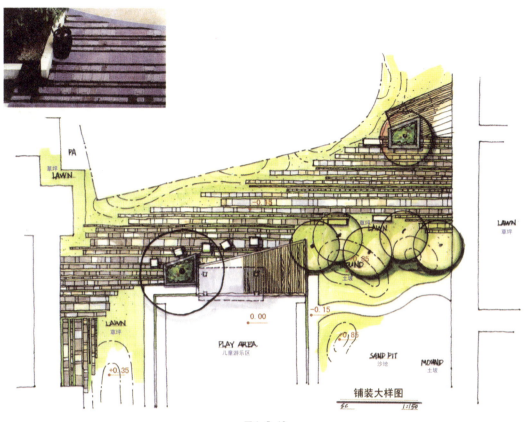

图 1-5-13

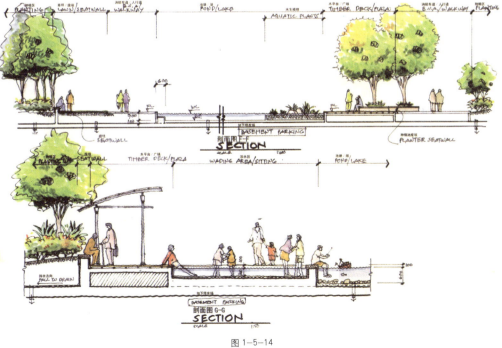

图 1-5-14

第一篇 空间设计表现篇

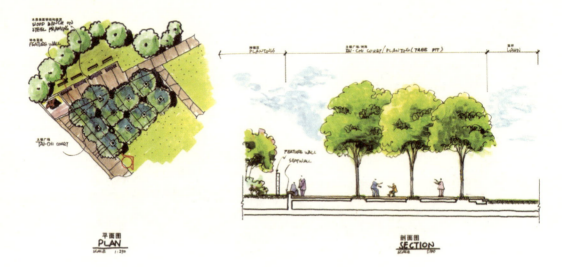

图 1-5-15

图 1-5-16

图 1-5-17

图 1-5-18

图 1-5-19

二、施工图

当前的施工图都是以电脑制图软件绘制的线条图,设计方面主要大致包括平面、立面、剖面以及节点详图等图纸,根据设计内容的不同,也会有不同的要求。比如在室内设计中,顶面设计就是非常重要的部分。施工图有非常严格的制图规范可循,可以查看相关书籍,在此不作赘述。

设计师需要明确的是,绘制施工图的目的一是要给预算提供科学依据,二是要指导施工单位的现场施工。因此在图纸中,所有的尺寸、材料、工艺必须标注得清楚无误。由于施工图需要表达的内容非常多,同一视图中的内容经常需要分门别类画成若干张图纸。比如在室内设计中,由于铺地的重要性,常常将其从平面图中分离出来单独绘制。即便这样,每张图上的内容还是挤得满满当当,所以绘制施工图必

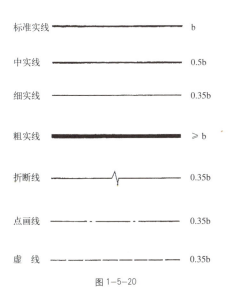

图 1-5-20

须以不同粗细的线条、不同灰度及纹样的填充、不同大小的文字来分清层次,以便识图(图 1-5-20)。

75

由于在施工过程中，根据实际情况发生的变化，对施工图进行修改也是经常的事情。因此在最后项目竣工的时候，还需要根据修改情况和最终竣工状态，绘制竣工图。竣工图的图面要求与施工图基本一致。竣工图用于验收、资料归档，以及项目运营中涉及维护、修缮等工作。

三、模型

在最终成果表现阶段，根据服务对象的不同和项目要求的不同，模型也会呈现不同的状态，主要有以下两种。

1. 概念模型

概念模型主要目的在于表达设计概念，说明设计与空间、基地的关系，表现设计的比例关系与基地特征。因此，此类模型并不要求有细致刻画和面面俱到的表现，但应制作精良，而使用最简便、最直接的方式表达设计中最刻意表达的独特概念。比如某个方案的设计亮点在于形体变化，那么该模型的重点就应该放在形体的制作上，颜色和材质就不那么重要了。

概念模型主要为设计专业人士服务，如学生作业、参加竞赛等（图1-5-21~图1-5-23）。

2. 商业模型

设计师在完成设计之后，将方案按照一定的比例制作而成的成品模型，其主要目的在于更加直观全面地展示方案的最终效果，因此展示模型要求有精致的细部、考究的制作工艺和全面的表现效果，甚至做出夜景效果，以此来增加设计的说服力。此类模型一般委托专业模型公司制作。

商业模型一般用于房地产开发及其他非专

图 1-5-21

图 1-5-22

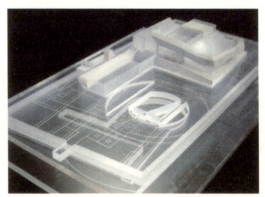

图 1-5-23

图 1-5-24

第五章 成果表现

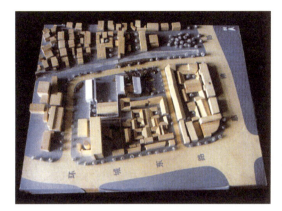

图 1-5-25

图 1-5-26

图 1-5-27

业人士的欣赏（图 1-5-24~图 1-5-27）。

通常在建筑、景观设计中，以外观模型为主，外观模型主要呈现设计的外观整体效果，其目的在于展示该设计的视觉效果（图 1-5-28）。而在室内设计、展示设计和舞台设计中，则较多选择内部空间模型，主要呈现内部空间观者可以获取对空间比较全面的设计信息，比如色彩、材质、光线、局部空间、功能等。内部空间模型的比例相对较大（图 1-5-29~图 1-5-32）。

77

图 1-5-28

图 1-5-29

图 1-5-30

图 1-5-31

图 1-5-32

图 1-5-33

而在这些空间设计中，经常也会采用构造模型和细节模型来交代问题。构造模型使模型的结构对观者完全开放，其目的是使人了解设计作品中的结构和构造，展现设计作品如何被建造起来的。构造模型能够很好地解决功能技术结构上的空间观念问题（图 1-5-33）。

而细节模型用于表现设计中的重要节点，当这些节点很独特或很复杂，在上述模型中又得不到体现时，我们就会用细节模型来表现。

来制作动画短片。但是，作为设计师，为保证该动画表现符合自己的设计意图，能够充分表现自己的设计内容，需要对动画相关知识有所了解，并且与动画制作者有很好的沟通，以保证最终效果。

任何一个优秀的设计作品都会有鲜明突出的主题，这样才能吸引人，所以在制作动画短片时，有一个很好地与设计主题相贴切的构思就显得很重要，否则只靠出色的渲染效果是远远不够的。构思主要是确定作品所要表达的重点，由专业的策划人员构思制作脚本，给设计师以创新的构思思路，并作相互沟通。

制作空间设计的表现动画很讲究制作思路、制作方向等，作者的制作水平和技巧都会在动画短片中表现出来。在制作前要充分设计好动画脚本，即动画剧本，需要制定好所表现的主体，设计好分镜头及每个镜头的表现手法，制定好特效的制作方案，这样有利于后期制作，也有利于团队的分工合作。

本书不介绍具体的动画制作和表现技术，但是提醒三点需要注意的地方：①在制作之前一定要考虑清楚建模的细致程度，剔除不必要的细节，充分利用贴图与插件，优化整个模型，从而达到提高工作效率，保证动画流畅、高清的质量和效果；②设定好整个动画表现的漫游线路，突出三维技术优异于实景拍摄的特点，表现在实景拍摄中无法完成的以建筑物结构线框表现的画面，或者采用实景中无法获取的观察角度来欣赏作品；③动画短片采用的背景音乐一定要根据设计作品的主题进行选择，我们常说"建筑是凝固的音乐"，与设计作品的概念相符的音乐，将会给作品增色不少。

总体来说，动画表现在构思上一定要做到既突出主题，又在表现画面的镜头处理上强调

图 1-5-34

图 1-5-35

细节模型的比例通常比较大，1∶1是经常采用的比例，甚至可以比实物尺寸更大，以此来清晰表达节点的设计（图 1-5-34、图 1-5-35）。

四、动画

在这个电脑技术广泛运用的时代，电脑动画也被用来表现空间设计的作品。由于电脑动画技术要求非常高，可以独立成一个专业，一般设计师不能掌握电脑动画的表现技术，常常是将方案做好以后外包给专业的电脑动画公司

视觉效果。

空间设计类的动画表现主要有两种类型，比较多见的是以参观的视角来看待作品，带领欣赏者穿梭于作品的空间内部，感受空间的变化，让人有身临其境的感觉，也会置身其外，以鸟瞰的方式，展现整个作品的外观形态及其与周边环境的关系。另一种通常用于交代项目的建设过程，以预演的方式向业主演绎该项目是如何逐步建设直至建成的，也向施工单位说明建设的顺序和步骤。

五、汇报文件

在整个设计结束以后，设计师需要向甲方作最后的汇报。在这次汇报中，设计师将向甲方、评审专家、施工单位、监理单位以及相关的管理部门对设计作品作全盘的介绍和说明。因此最终的汇报文件，就显得非常重要。在上一章中，我们介绍了所有设计成果的表现，对于这些成果，除了模型可以直接用来汇报以外，设计师通常还要做两件工作：制作电子演示文档和文本。汇报文件制作的水平非常重要，它体现了设计师对待设计的态度和用心程度，在某种程度上会影响整个设计被认可的程度。

1. 电子演示文档

由于电脑及投影技术的普及，如今的设计项目成果汇报大多在多媒体会议空间进行。因此，设计师需要提前制作一份出色的电子演示文档，主要采用PPT形式。PPT的内容就是我们上一章里介绍的设计成果，设计时要考虑的是如何以合适的形式表现出来。PPT应该以图表展示为主，辅以汇报者的介绍，页面上文字不可过多，最忌讳出现大段文字，应以关键词提示，关键词的数量也应该控制在七个以内，PPT页面的顺序应该按照设计思路排列，条理清晰。汇报者一边播放PPT，一边介绍，声音洪亮，有条有理，重点突出，引导听众逐步理解整个设计。

在PPT中，页面的排版应该突出内容，适当装饰，也可以插入动画表现的短片，或者添加音响效果。

2. 文本

设计文本是展示设计成果的重要载体。在汇报前后，或者无需汇报时，甲方、评审专家、施工单位、监理单位等主要通过文本阅读来理解设计师的设计意图，从而认识整个设计方案，并作出判断。文本的排版要求和PPT大致相同，注重信息传达，要求内容突出、顺序正确、页面美观、装订精良。

有的时候，设计师还需要把各种图纸，包括效果图整合到一起，打印装订成大的版面用来展示（图1-5-36~图1-5-38）。

无论是电子演示文档还是文本，抑或是版面，在制作的时候，设计师都应该把握一个原则，即应该注重设计内容的表现，不可华而不实。

第五章 成果表现

Architectural Design
校园书吧设计

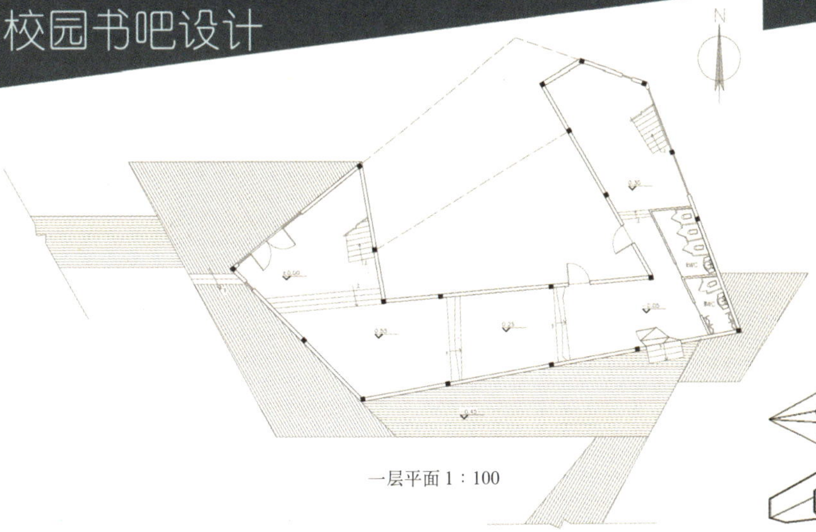

一层平面 1:100

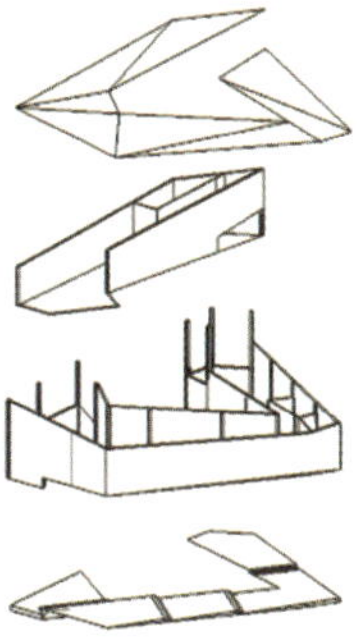

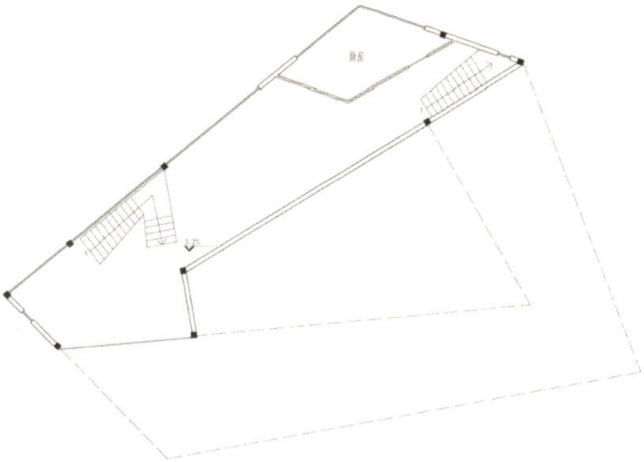

二层平面 1:100

书吧共有 2 层，
结构形式为框架结构。
从平面图上可见，
书吧非平行的墙面，
及其不断变化的地面高差，
使空间更为丰富。
4 处出入口，使人们的交通
流线更为便捷。

图 1-5-36

81

书吧室内设计

书吧室内照明：
　　白天主要运用自然采光的方式，大片的玻璃墙以及屋顶的开窗，将室外日光引入室内，使白天光线充足。夜晚照明，利用发光顶棚与筒灯、射灯的结合，并在顶棚部分边缘设置发光灯槽，勾勒室内非平行的轮廓线条。

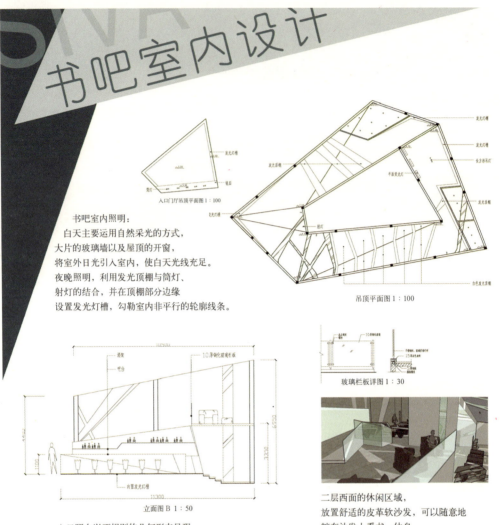

入口门厅吊顶平面图 1:100

吊顶平面图 1:100

立面图 B 1:50

入口吧台以不规则的几何形态呈现，打破垂直、水平的常规，体现非平行的设计主题。

玻璃栏板详图 1:30

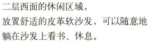

二层西面的休闲区域，放置舒适的皮革软沙发，可以随意地躺在沙发上看书、休息。

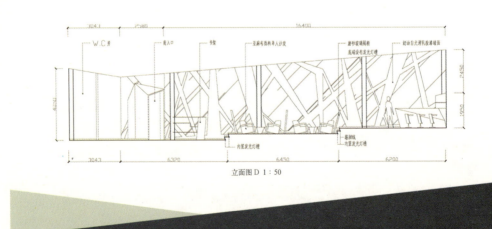

立面图 D 1:50

图 1-5-37

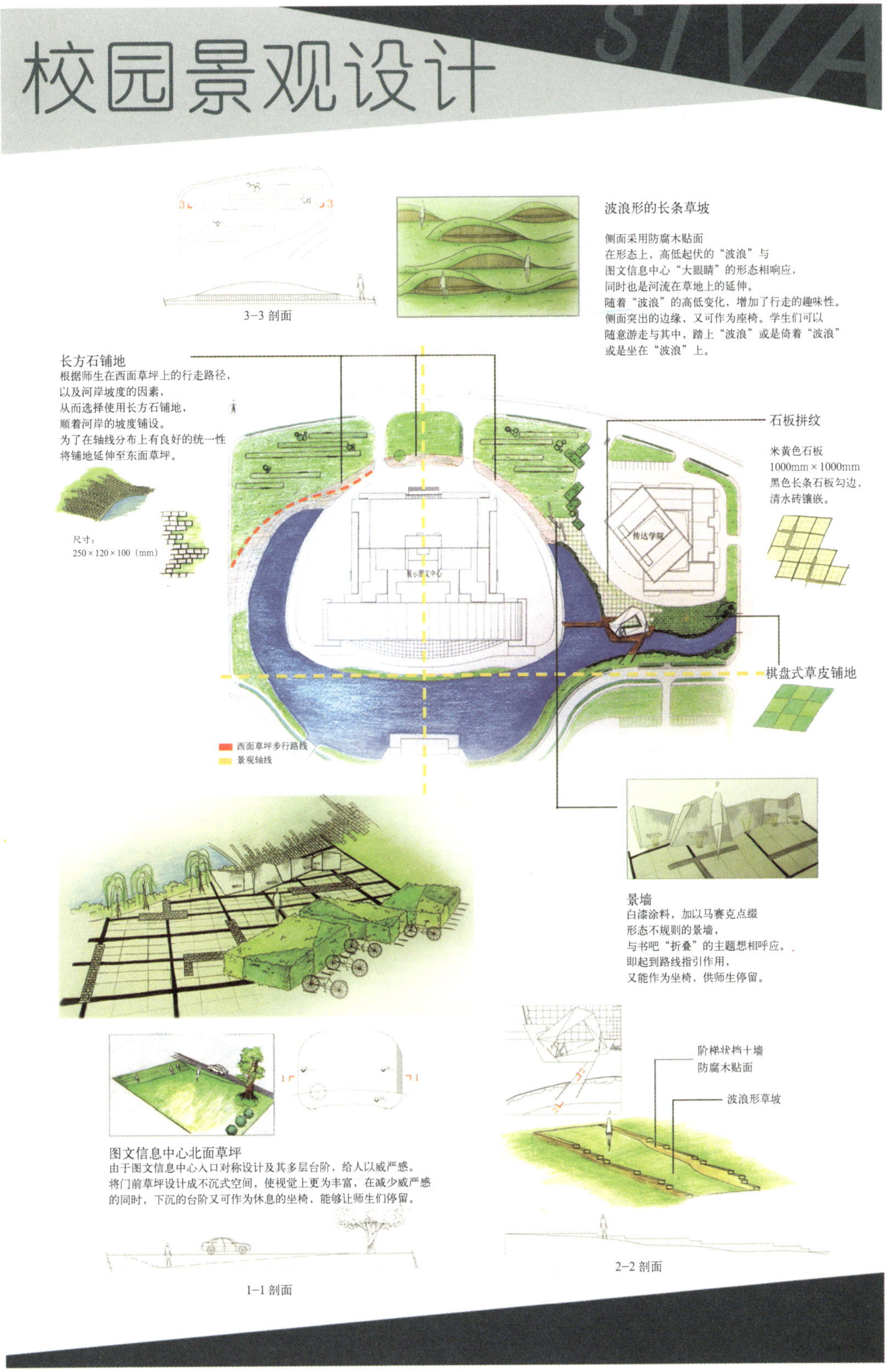

第五章　成果表现

校园景观设计

波浪形的长条草坡
侧面采用防腐木贴面
在形态上，高低起伏的"波浪"与
图文信息中心"大眼睛"的形态相响应，
同时也是河流在草地上的延伸。
随着"波浪"的高低变化，增加了行走的趣味性。
侧面突出的边缘，又可作为座椅，学生们可以
随意游走与其中，踏上"波浪"或是倚着"波浪"
或是坐在"波浪"上。

3-3 剖面

长方石铺地
根据师生在西面草坪上的行走路径，
以及河岸坡度的因素，
从而选择使用长方石铺地，
顺着河岸的坡度铺设。
为了在轴线分布上有良好的统一性
将铺地延伸至东面草坪。

尺寸：
250×120×100（mm）

石板拼纹
米黄色石板
1000mm×1000mm
黑色长条石板勾边，
清水砖镶嵌。

■ 西面草坪步行路线
■ 景观轴线

棋盘式草皮铺地

景墙
白漆涂料，加以马赛克点缀
形态不规则的景墙，
与书吧"折叠"的主题思想相呼应。
即起到路线指引作用，
又能作为坐椅，供师生们停留。

阶梯状挡土墙
防腐木贴面

波浪形草坡

图文信息中心北面草坪
由于图文信息中心入口对称设计及其多层台阶，给人以威严感。
将门前草坪设计成不沉式空间，使视觉上更为丰富，在减少威严感
的同时，下沉的台阶又可作为休息的坐椅，能够让师生们停留。

1-1 剖面

2-2 剖面

图 1-5-38

83

第六章　设计表现的发展趋势

一、手绘的回归

在电脑尚未普及的年代,手绘表现对于设计师而言非常重要,没有选择,必须学会这门本领。能够流畅与潇洒地借助手绘来表现自己的设计,在那时几乎是一个设计师的立身之本。手绘表现也成为衡量设计师水平的一个重要参考指标,是我们传达设计构思的重要途径。

但是手绘也有一定的局限性,绘制施工图的速度比较慢,修改调整也不方便,设计的图面效果与实际成品相距甚远,甚至还限制了设计,设计师常常受困于表达手段而不得不修改自己的方案,这些问题逐渐变得突出。

20世纪90年代以来,计算机辅助设计开始进入设计界,迅速为广大设计师接受,并运用到大量的项目设计实践中去。在改革开放的建设大潮中,计算机辅助设计快速便捷的优势得到充分体现。情况开始发生变化,甚至出现一边倒的局面。传统的手绘表现在建设行业的设计活动中几乎被扫地出门,全无招架之功。甲方希望看到电脑效果图,年轻的设计师只会使用电脑画图,手绘表现就像是古董一般,在日常的设计工作中不复往日辉煌。

但是,正所谓物极必反,最近几年手绘表现又开始回潮。首先,电脑效果图看多了,就觉得单调死板,不如手绘表现的图纸来得丰富活泼;其次,各类职业考试亦要求在笔试中快速手绘图纸。这都使得手绘表现呈现东山再起之势。

可是究其根本原因,手绘能够回归设计,还是因为设计的本质和手绘的特点所决定的。手绘可以简单迅速地抓住事物的本质,及时捕捉和记录设计思路,抓住灵感。在手绘的过程中,设计师的设计思路也会逐渐清晰。在一个设计团队里面,手绘图可以用来交流讨论,主创设计师绘制的手绘图可以由设计助理进一步发展成最终的效果图(图1-6-1、图1-6-2);在没有电脑的场合,手绘可以快速有效地帮助设计师与业主进行沟通,向业主表达自己的想法;在施工现场,手绘也能够解决很多实际遇到的问题(图1-6-3);同时,手绘作品还是精彩的艺术品。

同样,在空间设计中,手工制作模型也开始被重新重视起来,虽然它不及专业模型工厂制作得那么精准,但是对于学生理解材料,理解结构、构造,具有极其重要的意义。

图1-6-1

二、电脑表现技术的更广泛运用

在手绘表现回归设计的同时,电脑表现技术并没有被抛弃,各大软件公司联合设计公司将原有软件不断更新,使其具备更强大的功能、更方便快捷的效率,并且不断开发出一个又一个全新的软件,将设计推向设计师以前不敢想象的境地。当前有一些优秀的设计作品,完全是在电脑软件的推动下才得以产生并实现;离开电脑,也就不会有这些作品。比如弗兰克·盖

图 1-6-2

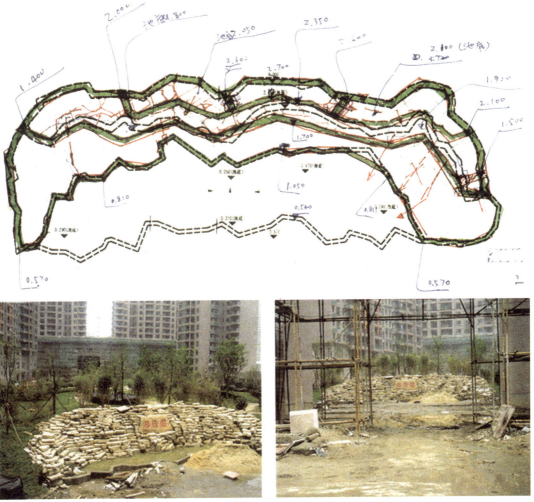

图 1-6-3

图 1-6-4

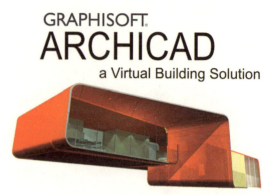

图 1-6-5

里（Frank Gehry）设计的西班牙毕尔巴鄂古根海姆博物馆（图 1-6-4），其复杂的曲面无论是在设计、表现、施工等各个阶段，都需要依赖于电脑。

最近新出现并受到设计师关注的建筑信息模型（BIM）就是这样一系列全新的设计软件，以这些软件建立的模型有助于甲方、设计师、管理人员对从空间设计项目的策划、设计、施工、运营等整个项目过程进行掌控。这是一系列全新理念的虚拟建筑设计软件，集成 3D 建模、施工图设计、方案展示、团队协作、计算统计等强大功能，使设计师更好地把握设计项目的全部信息，提高设计精度与效率，奉献更伟大的设计产品。这些软件将改变设计师的设计观念和设计方法，项目相关部门的管理流程，对整个设计界将带来巨大冲击。GRAPHISOFT 公司的 ARCHICAD 就是其中一个软件（图 1-6-5）。

面对这些新的电脑表现技术，设计师应该持有积极的态度，张开双臂去欢迎，并善于掌握这些技术，很好地利用它们为自己的设计服务。

三、结语

无论设计表现怎么发展，其最终目的还是要促进设计本身，这样表现才具有意义。永远不变的是：设计本身是最为重要的，无论手绘还是电脑，或者是其他什么新的技术，都只是设计师借以发展、实现自己想法的手段。

未来的设计，必然是设计表现与设计过程，手绘表现与电脑表现相结合，它们的有效结合和互相促进，都会将设计表现做得更好，最终推动设计的更好发展，使设计越来越好。

第二篇
产品设计表现篇

第一章　为设计而表现

何谓设计？这是一个需要解决的非常重要的问题。我们只有回答了这个问题，才能解除我们为什么要表现和表现些什么的困惑。

一、所谓设计

什么是设计？从字面上理解最简单的解释就是——"设"一个"计"来解决问题。设计并非只是形态上的设计，更多时候，设计是一个解决问题的方案。也就是说，一个优秀的设计，即是针对某一问题的优秀的解决方案，它起源于遇到这个问题后的思考。当问题出现时，普通人也许不会作深入的思考，然而对敏感的设计师来说，这正是下一个设计构思的开始。或者反过来说，每一件好的产品都是一种能够优雅而准确地解决某个问题的方法。

例如当我们走进一家运动用品商店时，我们可以看到各种各样的体育产品，这些产品可以被理解为在各种的运动中可能遇到的各种问题的适当解决方案。

图2-1-1所示的产品就是一个具体的例子。在这里我们能看到为普通公路自行车骑行者设计的骑行鞋。在公路骑车时，骑手的前脚掌将落在自行车脚蹬上，踩动脚蹬以圆周方向运动，鞋子的设计需要从自行车的运动、脚面的运动、材料、造型等多个角度来解决骑手骑行时的脚面问题。骑行鞋需要解决的基本问题是：摩擦力大、风阻小，要求耐磨、轻便、舒适，而设计师最后给出的解决方案是：

（1）外鞋底使用聚酰胺——一种轻便又具有良好的耐磨性能、力学性能的工程塑料。

（2）前脚掌鞋底有少量旋转加强纹路（圈形花纹），适当配合横向和纵向移动。配合自行车脚蹬踏面，前脚掌相对平坦，摩擦力大。

（3）掌中及后脚掌因悬空于踏面外，鞋面狭窄，并将纵向凹陷纹路设计得较深，配合鞋底空气流动方向，并尽可能减轻鞋体重量。

（4）内鞋底使用PE泡沫材料——非纺织类聚氨酯，一种鞋底的支撑材料，大部分品牌用这种材料，也可保护脚后跟，支撑中底力前移，材料比较硬有韧性，并且质轻。

（5）鞋帮使用网眼面料+合成PVB，支撑并保证脚踝有一定的活动范围。

设计师刘传凯先生在《Design：产品设计》2006年3月刊中曾经发表的《边写边画，旅途中的意外收获》中讲述了他在从求学阶段到成年后的工作阶段，各种火车上的旅途感受带给他的许多深刻记忆。作为设计师，或者作为一个对问题敏感，并善于为之寻找解决方案的人，

图2-1-1

刘传凯对火车上设施的设计和改造可能不仅是突发灵感，这也许已经是他自己生活的一个部分，一种习惯性的思考和处理问题的方式了。

二、为设计而表现

1. 表现

在人类漫长而多变的历史里，有一个独特的并且具有非常悠久历史的传统：通过视觉图形来解释想法、陈述故事、沟通观念。这种图形化的表达方式在人类早期的历史时期就已经十分常见。4万年前欧洲早期智人，用锰铁氧化涂料绘制洞穴岩石绘画，岩石绘画中最主要的主题是大型动物，比如野牛、马、鹿，以及人类手掌印记和其他抽象元素。这种绘画被普遍认为是在表现对长者或巫师的敬仰或是记载狩猎的方法（图 2-1-2、图 2-1-3）。

维基字典对视觉表现这样定义：视觉表现即主要通过二维图像传达各种观念，包括艺术、标识、图片、印刷物，主要以绘画、色彩以及数码资源形式表现。对于设计师来说，既然设计是针对某一问题的一组解决方案，那么设计师必然要对此问题的来源和解决方案作出解释，这是设计表现的要点所在，这也是产品设计师与产品制造者、营销者、产品用户之间交流时最重要的内容之一。

纵观设计师的全部思维过程——从问题的发现到解决方案都需要清晰的表现。如何表现设计各个阶段的内容是设计师必须掌握的基本技能之一，无论是通过纸面、数码媒体或者两者结合的表现图。长期以来，这些表现方式都是公认的设计师提出问题、探索概念以及深入造型的最快速方法（图 2-1-4、图 2-1-5）。

图 2-1-2

图 2-1-3

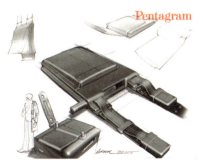
图 2-1-4

图 2-1-5

2. 阶段性的图纸表现

草图这个词指的是粗略的或未完成的绘画作品，又或者是对某种东西大致的、概括的、综合的描述。草图（sketch）这一英文单词来源于意大利语 schizzo，这个词更来源于经典希腊语 skhedios，意思是即兴的没有准备的事情。草图的基本用处之一就是在纸面上把意想的图像表现出来，让设计师可以立刻把自己头脑中思考的设计思路、概念等任何问题记录下来，以便及时深入发展下去，并且激发新的想法，即所谓的设计循环。当团队工作的时候，草图表现也是创意团队共同工作——如头脑风暴、概念交流和评估时的重要工具。

这一类的草图由于其快速和方便的记录特点，在表现效果上有时候显得非常简易粗糙，在表现载体上面更是五花八门。这类头脑风暴式的快速草图同样适用于设计领域以外的各行各业，美国商界就有一例由一张餐巾纸引发的成功案例。1967年的一个下午，罗林·金正要关闭经营失败的地区性航线，律师赫布·凯莱赫和他商量解决方案。突然，罗林拿起一张餐巾纸，在上面画了一个三角形，在三角形的三个顶点分别写下了圣安东尼奥、休斯敦和达拉斯。这张餐巾纸如今已经创造了美国航空业的纪录，它所开创的空中运输方式也被证明是航空业界不败的盈利法宝。

在核心77（www.core77.com）设计网站上就曾经以"纸巾草图"(Core77+CATIA Napkin Sketch Competition) 为题成功地收集到来自全球65个国家750多位设计师在餐巾纸上记录的设计概念（http://www.core77.com/reactor/catia）（图 2-1-6）。

除此之外更有 Dan Roam 撰写的 The Back of the Napkin（《餐巾纸的背面》）一书详细描述了如何在餐巾纸上快速准确地视觉化思考过程的四个步骤：看、观察、想象和展示（图

2-1-7)。

如图 2-1-8 这些头脑风暴式的草图也是设计表现的内容之一，看起来简单、直接、随意。在专业的设计实践中，所有的表现图纸承担着各自不同的用途，在这里可以简单概括为如下几个用途——分析、探索、说明和说服。

通常，分析式草图的分析功能与设计项目的早期调研阶段紧密相连。设计师对问题的定位、分析问题的过程、问题的组成部分及之间的关系等，表现以上内容的草图都可以称之为分析式的草图。

探索性草图通常用于提出假设的解决方案并作出评估。这类表现图数量很大，而且通常表现粗糙，很少能让设计团队以外的人一目了然（图 2-1-9）。

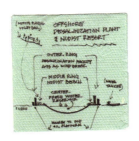

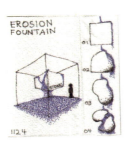

图 2-1-6

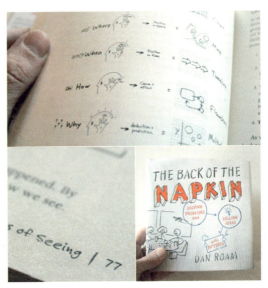

图 2-1-7

图 2-1-8

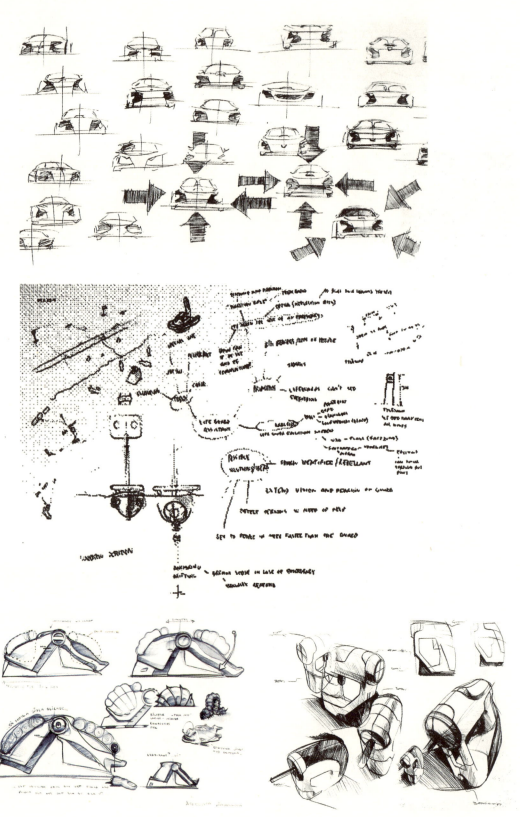

图 2-1-9

说明性草图对比前面的探索性草图，必须清晰准确地向设计师以外的人传递信息。这些草图以中立的、直接的方式描述预想的概念，这种草图通常用于设计项目的后期阶段，用来征询使用者、客户和其他专家的反馈意见（图2-1-10）。

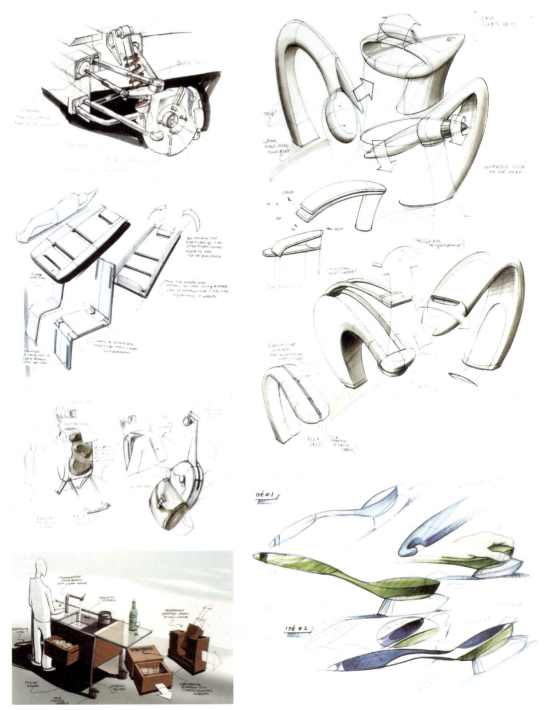

图 2-1-10

说服性草图通常是一种艺术性的、具有强烈表现力的图像,通常称之为渲染图,这种图像相对于前期的表现图需要花更多的时间完成。其目的是为了感染利益相关者,比如 CEO 或者设计主管,从而把设计概念销售出去(图 2-1-11)。

当然,所有类型的草图相互配合,并且在一个成功的设计项目中常常会反复运用各种类型的草图,特别是探索和说明性的图纸。

图 2-1-11

第二章 针对产品设计的表现训练

在初学的阶段首先需要了解绘画所需要的各种类型的工具，熟悉这些绘画工具各自的用法和效果。通过文字了解绘画工具，如同在岸上学习游泳，只有在使用中才能真正了解各种绘画工具的手上感觉和它们的表现效果。

适合在此阶段学习的内容是一些基本的绘画理论知识，比如透视和阴影的画法。对于绘制效果图而言，透视的准确尤为重要，在初学阶段以及初期的课程中通常会安排大量的课时及较高的训练强度和密度，强调以线稿的形式（尝试各种绘画工具）专门训练透视的准确性，并且达到一定的熟练程度，这是对效果图最基本的要求。在这一阶段，尤其对于初学者来说，由于观察方法的不熟悉，训练通常具有相当的难度。通常可以首先从感性的临摹入手，比如临摹线条比较简单的效果图、真实产品照片轮廓临摹或者其他轮廓写生来熟悉空间中的物品在平面图纸上的表现方法，熟悉基本的从三维到二维转换的表现要点。

因此在本书的阅读方法上，本章的第一节与后面的章节希望读者能够混合着学习，甚至可以先读后面章节，在做绘画练习时，需要了解相关绘画工具知识的时候再回过头来在第一节中查找需要的内容。

一、绘画工具

如同在自行车赛中，骑手需要精良的自行车、骑行鞋、头盔、骑行服等装备，在绘画中，想要完成一幅好的设计表现图也需要良好的装备。这里需要强调的是，作为产品设计师，我们应该时时注意生活中的产品，包括设计师使用的工具本身也是一件设计产品。对于刚刚涉足设计学科的同学们来说，设计时使用的绘画工具也将是一件经过仔细观察和体验的设计产品。以下将一一介绍绘画过程中可能使用到的各种工具。作为初学者很可能购买不到这里所说的全部品牌，这里也不建议初上手时就大量购买一线品牌的工具，可以通过尝试市场上同类型不同品牌的产品，体会并熟悉各种不同工具的绘画效果及其差别，通过一段时间的熟悉，根据自己的要求和体会，结合下面所介绍的内容有选择地购买。

1. 圆珠笔

这里所说的圆珠笔不是我们通常意义上的油笔，而指的是笔头结构是利用一颗滚动的圆球带出笔杆内的墨水，在纸面上能画出线条的一种笔，也可以称之为圆珠水笔。圆珠水笔是专为能画出纤细而准确的线条而设计的。图2-2-1用的就是圆珠水笔，这是一张汽车内饰的设计稿，使用的是一种蓝色的圆珠水笔。当用马克笔覆盖圆珠水笔画线条的时候墨汁会有扩散，为了避免扩散现象，也可以选择配合不同品牌的马克笔和灌有防水墨汁的圆珠水笔。反之，如果希望通过扩散效果增强手绘表现的艺术感，则选用普通圆珠水笔即可。防水圆珠水笔一般在价格上比普通圆珠水笔会贵一些。

图 2-2-1

图 2-2-2

2. 彩铅

专业的彩铅可选择的色彩非常丰富，相对于其他彩色铅笔（通常儿童用的为石墨彩色铅笔）的反光度和色彩的饱和度都低一些，线条质感更加柔和细腻，色彩的真实度更高。对于彩色铅笔的选择，通常会参考不同的色系和笔芯软硬程度。很多品牌都生产多种色系和硬度的彩色铅笔，市面上也常常看到不同色系包装的硬质笔或软质笔彩铅。通常需要考虑表现产品的个性特征，结合一定的色彩常识来选购。

彩色铅笔通常可以单独使用，或者配合其他工具一起使用。硬质彩色铅笔线条准确、纤细，通常用来画打底稿，而软质笔可以表现高光部分和其他更有表现力的轮廓线。黑、白两种彩色铅笔非常适合快速表现平面视图，特别是在黑色纸或别的色纸上面。图 2-2-2 所用为三福霹雳马彩铅（Sanford Prismacolor 软铅）和三福 Verithin 彩铅（Sanford Vernthin 硬铅）两个子品牌（图 2-2-3），常用里面的黑色、白色和靛蓝色。

 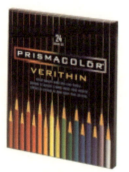

图 2-2-3

图 2-2-4

3. 马克笔

马克笔是一种尖部柔软并呈方形的笔，笔头宽度和色彩的选择范围都很大（图 2-2-4）。图 2-2-5 选用的是日本 Copic 品牌宽头马克笔（图 2-2-6），适用于具有平整宽阔表面的产品或大面积背景表现。

马克笔的色彩种类相对于彩铅还要丰富得多，通常会有上百种，以色彩的英文名称缩写和阿拉伯数字混合编号。需要提醒的是不同品牌的马克笔由于墨水不同标号也不同。马克笔的墨水无论是油性、水性还是酒精性都具有一定透明度，用同一种颜色多画几遍或者多种颜色互相叠加就会让颜色加深混合。通常市面上

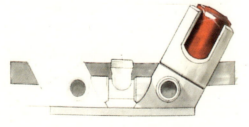

图 2-2-5

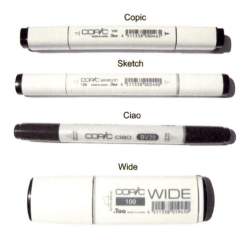

图 2-2-6

的马克笔可单只选购。在产品表现中通常会常备同一品牌黑色马克笔一支,间隔编号的灰色系马克笔若干只,这组颜色用来表现白色塑料质感或金属质感产品的体积和表面。另外选择若干支色彩饱和度较高的笔,如红色、蓝色、绿色等,来表现产品表面的按钮或零部件具有点缀性质的着色。这些马克笔最好成组买,比如两支相同色相、不同明度或饱和度的笔,可以用来表现同一种颜色物体的不同明暗面。

马克笔的用笔笔触非常重要。为了表现平整的表面,马克笔墨水的下水必须又快又足,并且在它挥发之前涂满整个表面。墨水快要用光的马克笔会表现出一种枯笔的笔触,用在适当的地方会有很强的表现力。马克笔的用笔一般比较工整,由于其方形的笔头,画出的线条通常呈一定宽度的规则条状,因此在使用马克笔之前需要首先观察所表现产品的表面形状,找出其规则表面,再下笔表现(图 2-2-7)。这点在初学者练习过程中常常有较大的问题,也需要大量的临摹练习和写生练习才能较好地掌握用笔技巧。

4. 喷笔

喷笔具有其他工具所不能比拟的柔和、细腻的颜色过渡,喷笔的色彩与调配绘画颜料的原理相同,因此几乎没有限制(图 2-2-8),具有非常出色的表现力。喷笔通常需要配合喷头、颜料罐、气泵使用,如图 2-2-9 所示。另外如果要用喷笔表达尖锐的转折边的话,还要

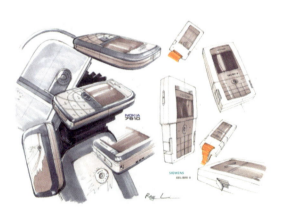

图 2-2-7

图 2-2-8

使用蒙板遮盖不需上色的区域。很多其他画具都会使用蒙板,不过因为喷笔不可涂改,所以蒙板对于它来说最为重要。喷笔的形式有很多种,现在的喷笔可作为马克笔的一种附件,像 Copic 或 Tria 品牌的马克笔喷枪,但在国内市场上比较少见,价格昂贵。

传统的喷笔的使用在操作上比较费时费事,也不易修改,过去在初期的效果图或者非正式的效果图中一般较少使用。但现在的情况大有不同。由于电脑软件在设计的过程中占据越来越重要的地位,用绘图软件模仿喷笔效果的运用也越来越多。由于软件系统的控制,完全可以弥补手绘表达不可修改的缺陷,绘图方法也非常的简易,对喷笔的效果模仿更是非常逼真。现在特别在国外这种表现手法再次盛行,甚至超过了其他任何一种表现工具(图 2-2-10)。

5. 色粉

色粉棒的色彩种类十分丰富,通常会以相似明度或纯度的若干色粉条组合的方式销售(图 2-2-11)。使用色粉时,用小刀刮下色粉棒上的粉末,将粉末与爽身粉或者滑石粉混合,用软面纸或者医用棉花球粘抹在画面上。不同颜色的色粉可以混合调成想要的颜色。为了保证在边界内均匀地填涂,可以用橡皮擦掉溢出部分的色粉,或者用遮罩在上色之前把多余部分遮蔽掉。可以直接在光亮区域擦粉表现光亮表面。

色粉可以表现玻璃或者显示屏之类有光泽的透明表面上的反光,如图 2-2-12 是 CD 随身听的外表面。色粉笔在表现柔和曲面、过渡区域或者大面积背景的效果上是很多绘画工具难以比拟的,在这一点上可以替代喷笔的手绘

图 2-2-9

图 2-2-10

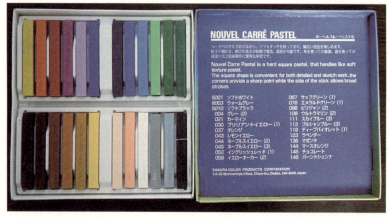

图 2-2-11

图 2-2-12

表现效果，却较喷笔操作更加便利。当下的产品形态非规则曲面造型日渐增多，用色粉表现的手法也越来越多见。

图 2-2-13　　　　　图 2-2-14

6. 水粉

水粉是不透明的水溶性彩色绘画颜料，通常用来画耀眼的高光（图 2-2-13）。水粉颜料和水混合（保持覆盖浓度），用细毛笔点画。

7. 数码软件

我们还可以借助电脑和平面软件来画效果图，而写字板要比鼠标更加精确、控制力更强（图 2-2-16）。用电脑画可以突破许多传统画法的局限性，比如可以在底稿的基础上无限制地重画或者重新上色而不用重新开始（图 2-2-14）。通常我们在扫描的手绘线稿的图层上另外添加新的色彩图层和其他效果图层。Photoshop 和 Painter 是这里展示的草图里最常用的绘图软件（图 2-2-15）。

图 2-2-15

8. 纸张

纸张的选择会影响许多绘画工具的表现力。纸张的颗粒或者平滑度直接影响线条的质感和清晰度，影响彩铅或圆珠水笔的线稿效果。因此绘制产品表现图时，一般情况下也会避免使用粗颗粒的纸张，比如水彩纸等，但也不排除作者希望表现水润效果（图 2-2-17）。

用马克笔绘画时应考虑选择能防止墨水渗出的纸张。在这种纸上画，不会弄脏下层的线稿，同时也能延长马克笔的使用寿命。大量填涂马克笔时，这种低吸水性的专用纸可以清晰表现不同的色彩区域。

硫酸纸也是一种常用的纸张，由于表面光滑细腻，吸水性不高，有时我们会在纸张背面

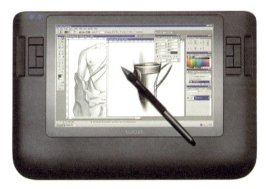

图 2-2-16

图 2-2-17　水彩纸

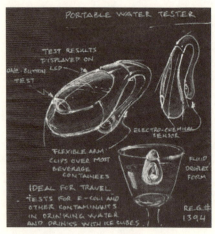

图 2-2-18　黑色餐巾纸

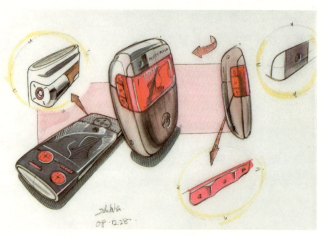

图 2-2-19　硫酸纸

用马克笔填涂色块，从正面观赏时色泽显得非常的柔和均匀，不用小心翼翼地去避免笔触交错的问题（图 2-2-19）。

在本身带有色彩的纸张上面绘画常常会有不一样的效果，大面积的背景色，很容易衬托画面的基调（图 2-2-18）。当然选用色纸时应该考虑到产品本身色彩的特点。色纸比较适合单一色彩或具有较高色彩统一性的产品，通常会选择与产品本身的固有色相同或相近色纸，再使用灰色系马克笔增强表现其光影变化和体积感。由于无论使用何种颜色的色纸都会降低画面的明度，所以色纸表现的效果图一般都会配合水粉或者白色彩铅表现较大面积的受光面或高光面，以增强画面明度的反差，同时也可以增强立体感。

二、产品设计透视

几乎每一本绘画技巧的书都会讲透视问题，如近大远小、一点透视，两点透视等。讲了无数遍的透视，真的懂了吗？我们应该花些时间把透视搞清楚，你可以选择一本专门介绍透视的书，耐心阅读，这类书比较严谨。你也可以尝试阅读以下内容，本章节尽可能简化概念，把透视的问题论述清楚。

1. 透视——在二维平面上制造三维的错觉

对于一个设计师来说，需要将头脑中的设计构想尽可能真实、准确、快速地展现出来。在二维平面上准确地表现三维图像是设计师的一项基本功，这需要熟练掌握透视规律。透视是一种在二维平面上制造三维错觉的方法，一个物体的透视图和此物体在人眼中的成像很相似，所以人看到透视图有时会产生真实感、立体感、空间感的错觉。

透视成像的原理是：眼睛（视点）保持不动，透过一个透明平面看立体的景象，并在透明平面上画出景象的形状，得到的图形叫作透视图（图 2-2-20）。

无论是草图，还是效果图，如果透视上有问题会使画面显得不自然，即使看图的人是不懂得"透视"的人。而对设计师来说，正确的透视对考量和表达产品的比例关系也是至关重要的。

透视在设计表现课程中通常占有相当的课时量，尽管如此，专项的练习也未必都能达到预期的效果，初学者经常会出现透视错误。效果图的表现实际是一种默写，或者说一种想象，

图 2-2-20

是对日常生活中场景的回忆和假想，因此运用透视的规则观察、理解和记忆实际生活中的真实物品，并将其默写下来才是真正有效的训练方式。也因此透视的训练和熟悉必须经过一定的时间。将透视的基本规则融入生活的观察、体验和理解中，这也是绘画时想象力的来源。

近代的人类在模仿视觉方面更进一步，他们模拟眼球的结构，发明了与眼球结构相似的装置——照相机，它制造出来的照片更加精确地模拟了眼睛的成像。我们可以利用照片学习透视和表现的技法（图 2-2-21）。

图 2-2-21

2. 透视里的点和线

透视里各种点和线的名词解释比较多，本书进行了分类和解释，将其尽可能简化（图2-2-22）。

（1）与眼睛相关的名词解释。

视点：眼睛的位置叫作视点。视点是透视的关键，相对物体，视点处于不同的高度、水平位置、角度、距离，有不同的透视图。

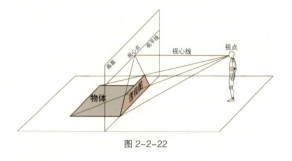

图2-2-22

视锥（图2-2-23）：眼睛直视，不转动，能清晰地看到的范围近似一个圆锥，这个可视范围叫作视锥。视锥的视角在60°左右，即眼睛直视能看清视角60°以内的景物，看不清视角60°以外范围的景物。用透视的方法，在透视图中，可以画出视锥以外的景物，但眼睛看到这样的图形，会感觉变形，不真实。一般画透视图要让景物在视锥以内，即视角小于60°。

视心线：视锥的中心线叫作视心线，也被翻译为视主线。

视心点：视心线与画面的交点叫作视心点，也被翻译成视主点。

视平线：通过视心点的水平线。

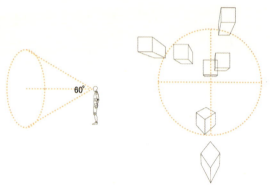

图2-2-23

（2）与画面相关的名词解释。

画面：视点和物体之间假定有一个透明的平面叫作画面。画面必须正对视点，即视中线垂直于画面。画面可无限大，我们最后的透视图只是画面上的一部分。那么画面要放在视点前的什么地方呢？其实画面的远近不会影响透视图的形状，有时会把画面放在物体的一个面或一条边上，这是为了方便作图。

灭点（消失点）：线与画面相交，线上无限远的点的透视称为灭点。很多书中所讲的矩点、量点、天点、地点、余点都属于灭点，它们是不同种类的平行线（与画面相交）的共同的灭点（图2-2-24）。

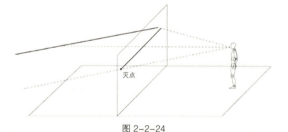

图2-2-24

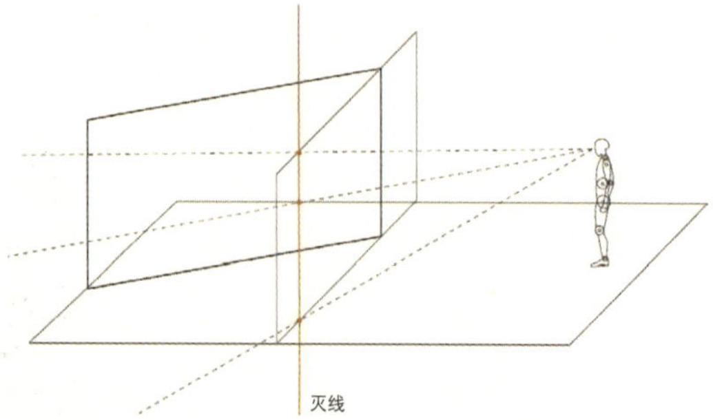

图2-2-25

灭线（消失线）：平面上个无限远的点的透视，集合成的直线称为灭线。视平线也是灭线，是所有与视平面平行的面的灭线（图2-2-25）。

3. 透视规律

最基本的透视规律是"近大远小，灭点灭线"。本书总结了一些非常有用透视的规律，并尽可能简单化。记住这七条透视规律，可以简化绘图，提高效率，避免错误。

（1）画面上的图形，其透视就是图形本身。

（2）与画面平行的图形，其透视的比例不改变。

（3）两线平行，且与画面相交，有同一灭点。

（4）灭点的位置，是平行于该直线的视线与画面的交点。

（5）两面平行，且与画面相交，有同一条灭线。

（6）灭线的位置，是平行于该平面的视平面与画面相交成的直线。

（7）线与面平行，且都与画面相交，线的灭点在面的灭线上。

4. 绘制一张透视图

绘制一张准确的透视图，必须要确定视点、画面、物体的三视图。我们平时画草图，也不需要这样规范，但学习规范后再多加练习就会熟能生巧，做到心中有数。

（1）绘制透视图第一步是确定视点，图中是常用视点，D 为画面范围（图 2-2-26）。

（2）作图布局。此图是画透视图时三视图和透视图的布局，确定了视点和画面的位置，并把透视图和三视图和的长、宽、高对照起来。熟练之后可简化布局，去掉不需要的三视视图，如前视图、左视图甚至俯视图，做到心中有数即可（图 2-2-27）。

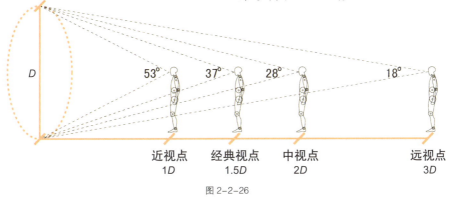

图 2-2-26

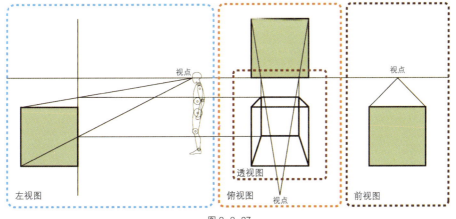

图 2-2-27

第二篇 产品设计表现篇

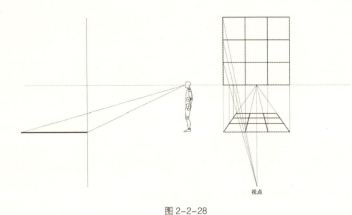

图 2-2-28

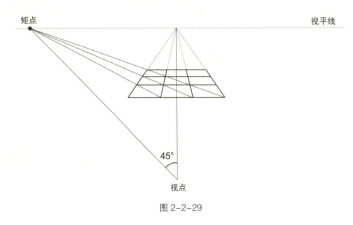

图 2-2-29

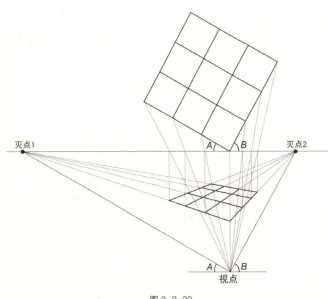

图 2-2-30

5. 作图技巧

理解和练习最重要，不理解的时候可参考七条透视规律。

（1）视线法（图2-2-28）。视线法是最常用的方法，故也称建筑师法。方法是视线从视点到物体上一点，视线与画面相交的点为一透视点。连接各个透视点得到物体的透视图。这种方法可以画出从简单到复杂的所有物体的透视图，要理解和掌握。在实际绘图中，还需要利用多种透视规律和技巧，提高绘图的效率。

（2）一点透视中的矩点法（图2-2-29）。

1）一点透视中的一点就是垂直于画面的直线的灭点，灭点的位置是视心点。

2）一点透视中为方便绘图，利用45°线来求得透视的深度，叫作矩点法或45°法。

3）矩点是45°水平线的灭点。

（3）两点透视。两点是两组平行线的两个灭点，这两组平行线相互垂直，与画面相交成角度。参考透视规律，理解两个灭点在视平线上的位置（图2-2-30）。

请注意图2-2-31画内所有盒子的竖直线相互平行，并且垂直于水平线（横穿画面的水平线表示眼睛所在的层面）。现实中盒子互相平行的水平边在画中并不平行，并且相交于水平线上的同一个"消失点"（蓝色和绿色的点）。训练时可以多次移动盒子,来帮助理解消失点的意思。两个立方体盒子的相对位置正交时,共有相同的消失点,相反情况时则消失点各异。但是由于眼睛的位置没动(静态观察的画面)视平面未变动,因此所有水平放置的任意角度摆放的立方体盒子的消失点都处于同一条水平线上。如果消失点太过靠近会导致"扭曲"的透视。为避免出现"扭曲",应确保正交的前角(红色标记的地方)和两个消失点的成角角度真实。这个角度必须超过90°(图 2-2-32)。

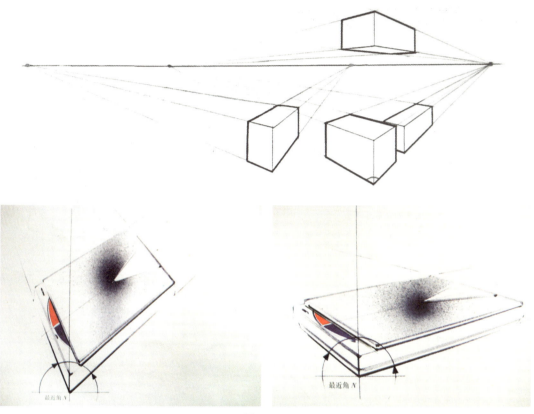

图 2-2-31

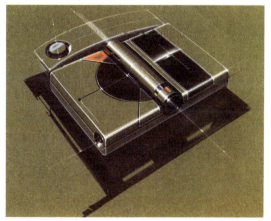

图 2-2-32

第二篇 产品设计表现篇

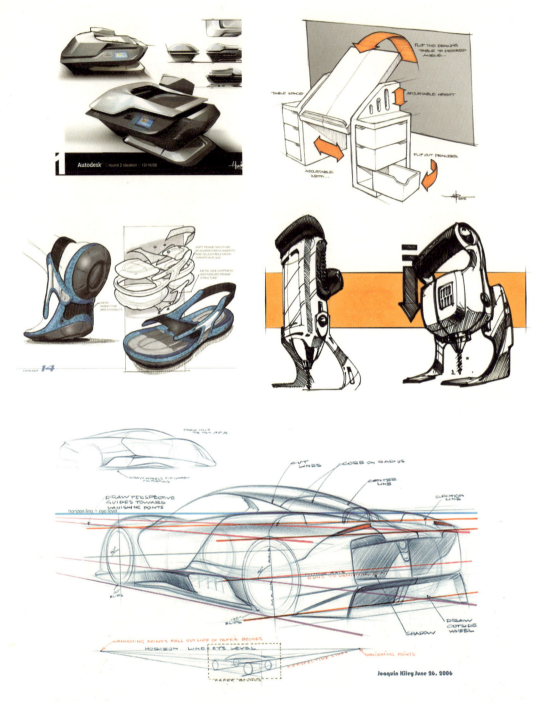

图 2-2-32（续）

（4）二点透视中的量点法（也翻译成测点法）（图 2-2-33）。二点透视中，以一个灭点为圆心，以到视点的距离为半径作圆弧，与视平线的交点为量点。利用量点可以方便地找到透视的深度。量点法非常有用，需要理解掌握。

（5）三点透视图（图 2-2-34）。画面立方体三个方向的轮廓线相交，这样会有三个灭点，成为三点透视。

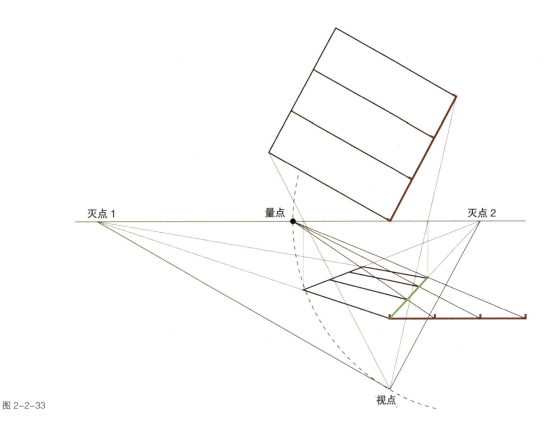

图 2-2-33

三点透视以两点透视为基础，另外包含第三个在物体上方或下方的消失点。在两点透视中竖直的互相平行的线在这里交汇于这个第三点。三点透视会让一个小东西看起来很宏伟，让一个大的形体看起来更加巨大，让人感觉是从它的下方向上仰望或上方向下俯瞰。这种透视方法常用在建筑绘画上，比如我们站在摩天大厦前仰望这栋建筑；或者站在摩天大楼顶部俯瞰下面的低层建筑。运用于产品上时也会产生类似的效果。

相对于建筑物尺度较小的产品来说，运用这种透视画法有些大材小用，但是会产生独特的效果。这种透视通常用于想要凸显产品情态特征的草图中，让画面更有张力，比如表现汽车等机械产品的的力量感和体量感。

与两点透视的运用相同，在三点透视中表

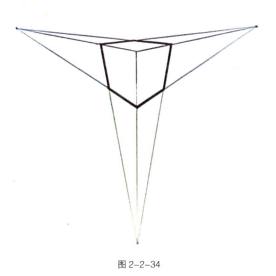

图 2-2-34

现对象位于视平线的上方/下方/中间，以及靠近左侧或右侧面灭点的选择，还是依据设计师希望表现产品的体面位置，以及希望产品传达出的感觉来定（图 2-2-35）。

图 2-2-35

6. 椭圆

在很多物品中都包含椭圆形,因此掌握如何画出透视中的圆形即椭圆非常重要。在透视图中把椭圆画错是常有的事情。不过如果了解基本原理,那么正确地画椭圆其实很容易。徒手画椭圆开始的时候很难,但是多练习之后会好很多。如果要画很平滑的椭圆,可以借助工具。如图2-2-36,椭圆是两个轴线方向的对称图形;一个短轴(蓝线)和一个长轴(绿线)。这两个轴线始终是相互正交的。

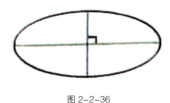

图 2-2-36

（1）圆柱的透视。圆柱底面椭圆形的短轴始终与圆柱的中轴线重合，并共同指向消失点（图 2-2-37）。

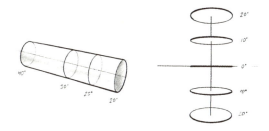

图 2-2-38

图 2-2-37

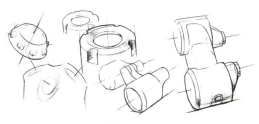

图 2-2-39

（2）椭圆的数值。圆柱的不同断面中有不同数值的椭圆。这个数值表明从站点看过去能看到多少面积的圆形面积。数值越小，越接近竖直面时，椭圆的短轴越短。

水平圆面的透视变化也是同样道理。与画面垂直的处于中心位置的圆形成一条直线（相对应的角度是 0°）。注意这两张图内的圆形平面各自互相平行，它们的短轴方向也都指向同一侧的消失点（图 2-2-38、图 2-2-39）。

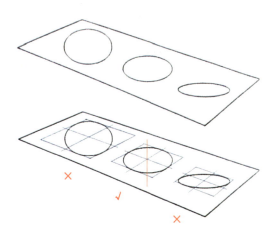

图 2-2-40

（3）选定椭圆的角度值。看图 2-2-40，这个矩形平面上画的三个椭圆。很显然只有一个看起来是符合矩形透视的，而其他两个的角度不对。眼睛总是能选出正确的角度，透视规律也可以帮助我们画出正确的椭圆。

如图 2-2-41 用辅助线可以帮助我们根据透视，画出附在某一表面上的椭圆。画出能接触到边线中点的椭圆就是正确角度的椭圆。要

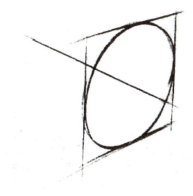

图 2-2-41

注意，和三点透视的情况相反，在两点透视里运用这种方法有它的局限性。如果椭圆过于靠近两个透视点或其中的一个，为适合那个辅助方形，椭圆就会弯曲。因此最好的方法是把辅助方形放在接近两个消失点中间的位置。

（4）椭圆的中心。圆形的透视中，椭圆的长短轴交叉点与其辅助方形的对角线交叉点（蓝线及交点）并不重合。这是透视产生的近大远小的视错觉造成的，如图 2-2-42 所示。把圆形放在外切方形内，方形的对角线交叉点就是这个圆形的中点。当然这里关键是画出的方形和圆形同在一平面内。

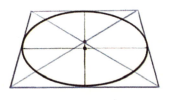

图 2-2-42

（5）同心椭圆。两个或多个椭圆沿它们的短轴相互重叠，就能表现凹或凸的造型。如果椭圆共用一个中心点，就是同一平面上的椭圆（图 2-2-43、图 2-2-44）。

图 2-2-43

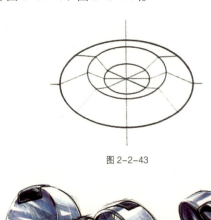

图 2-2-44

（6）八点法作圆的透视。圆的透视近似一个椭圆（图 2-2-45）。

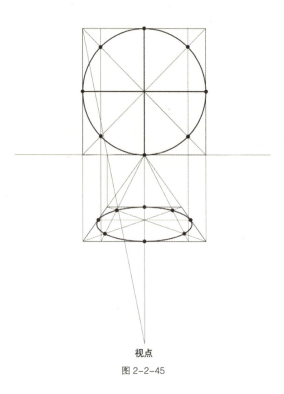

视点
图 2-2-45

（7）一点透视中的圆（图 2-2-46）。红色虚线是椭圆的长轴和短轴，注意圆的透视不一定是一个水平或垂直的椭圆，椭圆往往有些偏。

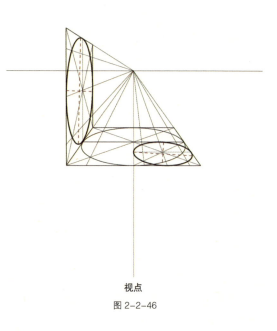

视点
图 2-2-46

（8）两点透视中的圆。

1）如图2-2-47两点透视中圆的透视近似椭圆，短轴往往指向灭点。

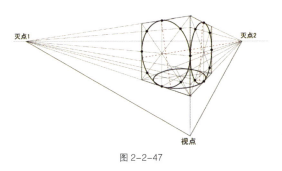

图2-2-47

2）当使用椭圆板或者手绘时，不要犯这样的错误。圆的透视不一定是一个水平或垂直的椭圆，要有透视感（图2-2-48）。

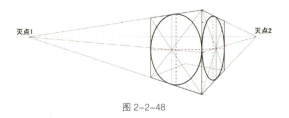

图2-2-48

7. 在透视中保持比例正确

在草图表现时能快速而准确地把握产品的基本尺度和比例非常重要。下图展示的是在透视中如何保持两个或多个同样尺寸的图形的正确透视比例关系。这个案例中展示如何在透视图中画出与第一个原始方形同样尺寸的第二个方形（最后一张图中线条已清理）。

图2-2-49

（1）连接方形对角得到两条交叉线找出中心。

图2-2-50

（2）从这个方形的中心向右侧消失点连接与边线相交得到该边线的中点。

图2-2-51

（3）将原始方形的两条边线向右侧消失点延长得到第二个方形的两条边。

图2-2-52

（4）从第一个方形的最近角穿过第2步求得的边线中点向第3步中求得的第二个方形的延长边延伸，与其相交得到新方形最远端的边角位置。

图 2-2-53

（5）通过步骤4中求得的新方形的最远点连接左侧消失点，向步骤3中的延伸边线延长，得到新方形的最后一个角点。

图 2-2-54

8. 明确被复制方形的边线

图 2-2-55 表现了在透视图中如何运用上面的方法画出间距相等的，并保持正确的比例关系的一系列同样尺寸的矩形。用这种方法在两点透视图中如果图形重复次数过多会出现"扭曲"现象。因此，最后的成稿还需要再用眼睛审查。

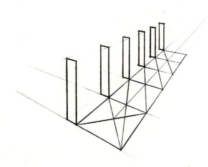

图 2-2-55

一点透视，两点透视，三点透视的对象是方形或方块体。对于复杂物体，可以将它们放在方形或方块体当中，通过相交线，找到交点的透视，然后把这些透视点连接起来，就可以画出复杂物体的透视。

扩展阅读建议：

《产品设计草图与麦克笔技法》，中国纺织出版社，曹学会 / 袁和法 / 秦吉安 著。

《设计透视》，上海人民美术出版社，冯阳编著。

《设计草图、制图、模型》，清华大学出版社，清水吉治 / 酒井和平 著，张福昌 译。

三、线条的处理

虽然真实物体本身并不存在线条，但线条却是所有绘画中的最重要表现手段之一，在产品效果表现中也不例外。相对其他的绘画形式，如前文所述产品表现的重要任务之一是要清晰地展现出产品的造型特征、制造特征，由此设计表达中的线条既具有绘画性又具有工程表达的作用。在这样的目的之下，线条的任务将相比其他绘画形式中线条表达的目的更加丰富而准确。由此我们必须注重作品中必要的线条，包括轮廓线、结构线、明暗交界线、天际地平线、透视辅助线、明暗排线等，可以说所有的产品造型与情感表达都依赖于这些线条的表现。无论是草图还是表现图，对于线条的要求至少有两点：首先，线条在结构与透视方面的准确性；其次，线条的表现力。设计表现的特点就在于线条的表现力与结构和透视的关系紧密相连。

所有造型艺术都非常重视线条的概括力和表现力，它是一种重要的抒情手段。粗线强劲有力、细线锐利敏感、徒手线条生动自然、尺规线机械严谨。另外，含蓄的线、坚硬的线、柔软的线、欢快的线、直爽的线、曲折的线、饱满的线、残缺的线等表现手法极其丰富。在产品表现中可以运用造型艺术中对线条的处理手法，比如利用线条的宽窄、轻重缓急的变化帮助强化/弱化画面中的形体，使画面的表现力更有弹性，更有生气。用线宽变化强调物体的特定部分也有很多功用，比如线宽的变化产生的透视和深度变化的效果。

这部分只有通过大量的设计速写练习才能了解和掌握草图线条表现力。在这部分的练习中可以尝试各种不同的绘画工具，体会不同工具在用笔快慢、轻重等过程中的效果，为不同的产品对象选择适合的工具和线条表现手法。

1. 线宽的主要类型

图 2-2-56 中显示的是基本线宽的用法。形体底部的线条最粗。这些最粗的线条强调了

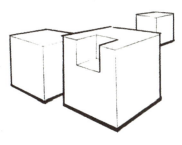

图 2-2-56

承载物体的表面——这里是地面。第二粗的线条表现了悬空的物体边界（注意这些边界并不一定都是最外部的轮廓线，有时也在形体内），最后最细的线表示那些朝向观众的边界线。

2. 强调轮廓线

强调轮廓线可以让对象形体在画面中显得更加突出，同时把其他物品向背景弱化，增加画面空间深度，让主要的表现对象整体凸显出来。常用这种轮廓线来强调被分离物体的重要性（图 2-2-57）。

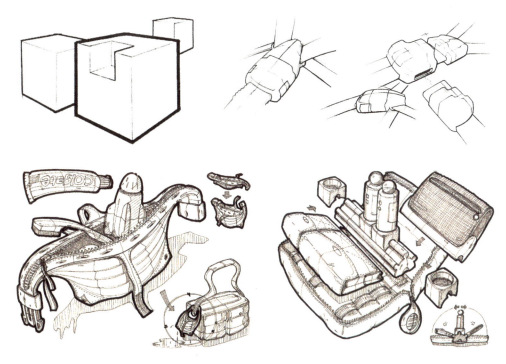

图 2-2-57

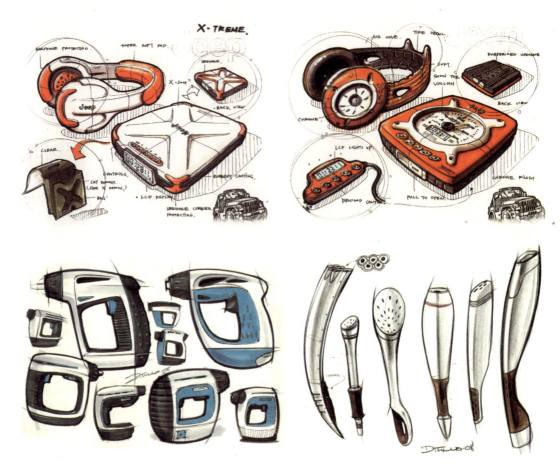

图 2-2-57（续）

当然还有其他各种线条效果可以用来增强画面效果。比如加重背光面边界线——明暗交界线，用细线画亮面的边界线，用线条的粗细表现体量上的明暗变化，增强立体感和空间深度（图 2-2-58）。

3. 截面线及转折边界线

那些沿物体表面有助于视觉上理解形态的线叫作截面线。通常用细线或者不同颜色的线以示区别。用截面线辅助表达的圆形和复杂形体更易于理解（图 2-2-59）。

转折边界线指的是一件产品结构上或材料上的不同组成部分之间的边界线。准确的边界线让产品更显逼真。草图绘画中，边界线与截面线在功能上和表达形式是一样的。举一个简单的例子，比如一件产品上的电池盖与其他外壳之间的边界线就是转折边界线（图 2-2-60）。

4. 设计线条速写训练

（1）通过高强度的大量速写练习快速记录产品形态特征，积累素材，准确地找到产品的结构、形态的特征，并用快速、准确、简洁的线条表现。体会产品的情感特征，有意识地尝试并选择合适的线条表现手法。采用设计速写的方法学习、分析优秀的产品设计作品。通过大量的设计作品速写加强对形体和结构的理解，同时丰富和充实设计师的表现语汇。

（2）优秀的产品线条表现作品只需要略施

第二章 针对产品设计的表现训练

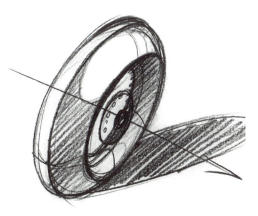

图 2-2-58

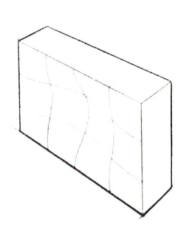
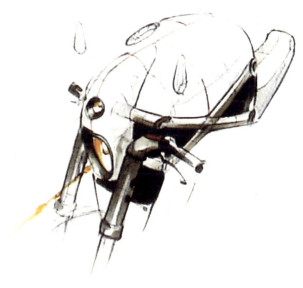

图 2-2-59

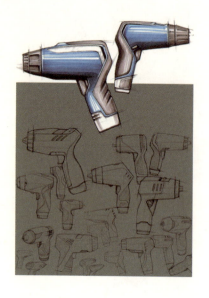

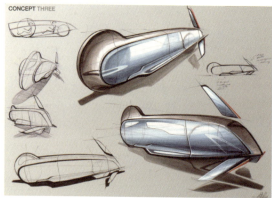
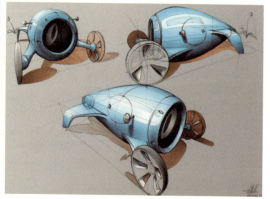

图 2-2-60

淡彩就可以直接转化成产品设计效果图。将线条速写的作品复印，并尝试在复印件上略施淡彩，看看效果怎样。

四、暗部及阴影的表现技法

在物体表面上，光线被遮挡或不能直接照射到的区域就是暗部。产品的暗部能够帮助表达产品的形态也能制造特定的气氛。造成暗部的重要原因有两个：其一是光照；其二是物品自身的形态和材质。因此，在画暗部之前，依据产品的形态和材质，选择适合的光照方向对画面最后的效果起到很大的决定作用。在光照下，简单的形体会看起来更加清晰，其光照设定通常也比较简单。而对于复杂的对象或组合体来说，为了让暗部配合形体的表达，光照会有更多变化，会有主次之分。

1. 基本/主要光源

对于图 2-2-61、图 2-2-62 中所示的简单几何形体，通常设定一个单一的、相对于物体左后方的光源。这是因为我们通常以右手执笔，桌面左侧光照的视觉习惯，这也是一般使用者对产品的观察和使用习惯。在这种光源下，物体的上表面是直接受光面，这部分最亮；最靠近观众的形体右下方最暗；左侧面则显示一个中间灰度。当然镜像方向的光源也完全可以（图2-2-63）。光源投射在圆柱和圆球上所产生的阴影过渡柔和。

◇ 明暗交界线

现实中一个物体很少只受到一个单独光源的影响，通常周围有多个光源或光线反射到其表面，成为辅助光源，也就是次要光源（图2-2-64）。当一个曲面受到两个相对方向的光源照射时，沿曲面与光线平行的地方会出现一条明暗交界线。简单说，明暗交界线是形体亮部和暗部的交界部分，它是曲面上最暗的部分，也是草图表现中最具表现力的一种技巧。用这样的照射方法产生的明暗交界线最适合于表达圆形等曲面造型（图2-2-65）。

图2-2-66中的几个物体放在白色桌面上，因此在受到基本主光源影响的同时，也受到地面强烈反射光的影响。在两个相对方向的光线照射下，在圆柱形体上出现了垂直的明暗交界线、圆球形体出现了环状交界线，而在立方体上的明暗交接线则在最暗面与最亮面的交界处。

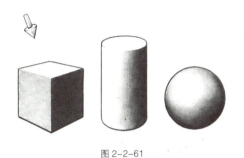

图2-2-61

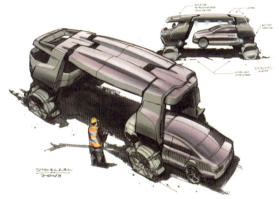

图2-2-62

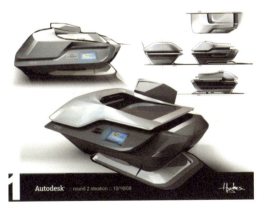

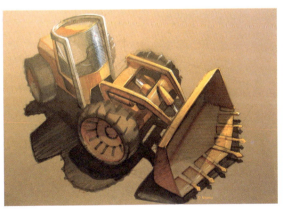

图2-2-63

第二篇 产品设计表现篇

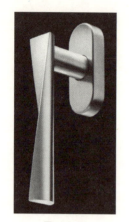

图 2-2-64

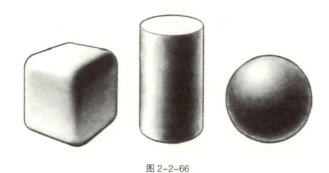

图 2-2-66

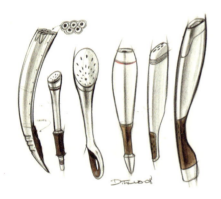

图 2-2-65

2. 投影

一个发光体向另一个物体投射产生的阴影叫作投影，照射光线叫作投影线，投影所在的平面叫作投影面。投射这种形式以及产生的阴影都叫作投影，它既是名词也是动词。比如一辆车在车身一侧投下的阴影看起来就像车身造型的一个截面（图2-2-67）。投影让画面富有生气，增加了真实感。对设计师来说，了解了投影的基本原理后就可以配合画面画出正确的投影，增加画面的艺术感。

◇ 确定光源位置

追踪光线投影的最常用方法是假设无限远处的有一个投射平行光束的光源（图2-2-68）。要准确表现投影的形状必须先确定两样东西：

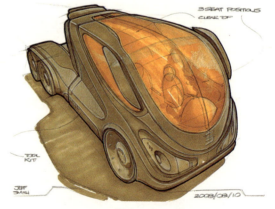

图 2-2-67

图 2-2-68

（1）光源在水平面上与水平线所成的角度（绿色箭头方向表示的水平面影响投影的方向）；

（2）光源的竖直高度或者说显示出的高度（蓝色箭头引出投影的长度）。

◇立方体的投影

这里首先沿绿线方向画出阴影投射的方向，再画出蓝线。蓝线与绿线交叉点的连线就是投影的轮廓。注意，立方体的上边缘与这条边的投影指向同一个消失点，如图2-2-69虚线延长线所示。因此即使是投射的阴影也遵循透视规则。那么将绿线与蓝线分别与透视线相交也可以找到投影形的轮廓线（图2-2-70~图2-2-72）。一个快速简易的投影画法是假设一束光从物品的正前方照射过来，那么投影的形态与物品正面的剪影相似（图2-2-73、图2-2-74）。

图 2-2-70

图 2 2-71

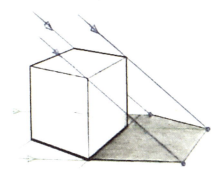

图 2-2-69

图 2-2-72

图 2-2-73

图 2-2-77

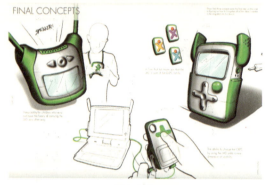

图 2-2-74

◇球形的投影

为了便于理解，这里假设一个与球体直径相同并且轴线与光源同向的圆柱体沿轴线方向插入地面。与地面产生的椭圆切面就是球形的投影形（图 2-2-75~图 2-2-77）。

◇圆柱形的投影

阴影的椭圆形部分的水平位置处于圆柱顶部和底部之间。因此远离观众一端的该圆柱投影椭圆的度数应该介于圆柱体顶部与底部的椭圆度数之间（图 2-2-78~图 2-2-80）。

图 2-2-75

图 2-2-78

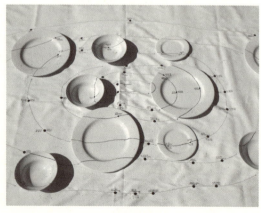

图 2-2-76

图 2-2-79

第二章 针对产品设计的表现训练

◇非平整表面的投影

这张图中，首先画出沿上表面投下的阴影。然后假设物体向下延伸至坡道下的表面，如图2-2-81虚线所示。假设延伸部分可以投射到这个表面上，把上层和下层的阴影连接起来就形成这个不平整的平面上的投影形（图2-2-82）。

◇投影的阴影画法

环境光自然也会照射在投影表面上，因此物体的投影也会从物体与桌面直接接触的部分向远处逐渐变亮（图2-2-83）。

图 2-2-80

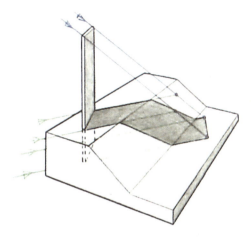

图 2-2-81

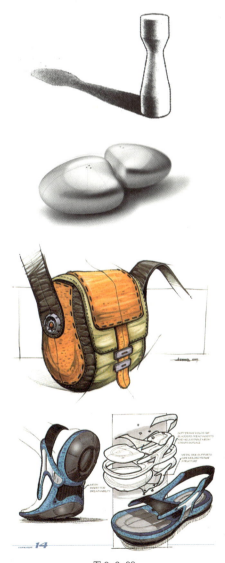

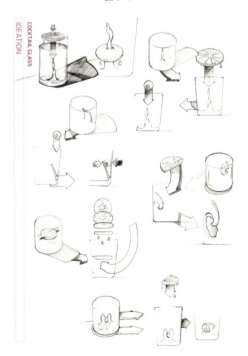

图 2-2-82

图 2-2-83

121

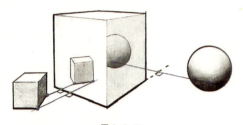

图 2-2-84

3. 镜像
◇ 透视中的镜像

由于透视的缘故，物体与镜面之间的距离和镜面与镜像之间的距离不等。图 2-2-84 展示了镜像的基本画法。图中的绿点并不是蓝线的中点。另外，镜像要比原物小，可以用"在透视中保持比例正确"的方法确定镜像的位置和大小（图 2-2-85）。注意镜像总是处于垂直于镜面的位置上。图 2-2-84 中球体的镜像应在镜面的延长面上画出。

注意，椭圆和它镜像形的角度是不同的。镜像中离视平线越远的椭圆会显得更接近圆形，但是竖直方向上圆心与圆心之间的垂直距离没有变化。因此镜像形与原型尺度相当（图 2-2-86、图 2-2-87）。

◇ 非平面物体的反射

通常如果想要表现一个具有高度反光性的表面，我们会假想让它处于一个沙漠环境中，这样会在其形体表面反射出绿色和蓝色的褪晕效果。图 2-2-88 表示出了眼睛能看到的圆柱的侧面，有助于理解被反射的图像。环境光以同等角度射入/射出。注意椭圆底部凹凸部位的反射效果。

环境色反光通常可以依据自行设定的环境场景抽象成任何颜色（图 2-2-89）。

◇ 高光

高光特指在材料或形体收口处的尖角或边缘上出现的强烈反光。在画面上高光是最细部，却又最容易跳出画面的亮点。因为画面增

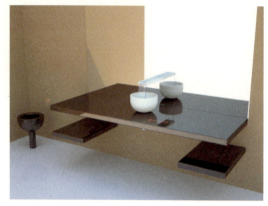

图 2-2-85

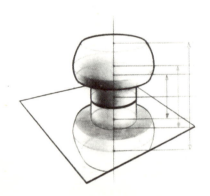

图 2-2-86

图 2-2-87

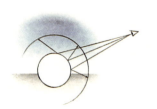 

图 2-2-88

第二章　针对产品设计的表现训练

图 2-2-89

图 2-2-90

123

加了强烈的生命力和表现力而显得格外重要（图 2-2-90）。

五、材质的表达

材质产生的美感完全不亚于形态的美感，有时甚至比形态更加吸引人。材质是视觉的，也是触觉的，也就是说要满足视觉上的美感，也要满足功能上的需求，在这一点上材质与形态同等重要。石器、石桥、粉墙、黛瓦、软绵绵的沙发、泡着龙井茶的水晶玻璃杯，我们感受到这些许许多多的不同材质蕴涵着不同的情感，它们在向人们展示自己的功用，更在展示自己性格和气质。

下面的内容仅仅展示了表现材质的众多方法中的几种。概括和清晰是材质表现的基本原则。在现实生活中观察材质肌理和反光，能够帮助我们更准确地表现它们。材质的表现有时具有一定的局限性，这时可以通过一些细节，比如边缘倒角的地方，表现材质的变化和接合。这部分的练习可以有更多自我创造的空间，尝试用各种方法表现各种不同的材质效果，会是一项很有意思的工作。

1. 有肌理的材质

这种借助肌理板表现的方法叫作"擦印画法"，用来表现类似布面网格样肌理的材质。将纸张放在肌理板上面，用一种绘画工具（比如铅笔）在一种纸上面擦印，把模板上的肌理显示在纸张上面。

肌理板也可以自制，在日常生活中留意任何带有漂亮肌理的面板，如废旧的音箱网面、纱窗网、方格网面、圆孔网面、菱形孔网面、凹凸明显的木纹板等，并剪成合适的尺寸（注意不要太小，以免画大面积的时候不够用），再把边缘封起，就是一块肌理板了（图 2-2-91）。

2. 塑料

相对于金属材质（一般金属材质呈现一种灰色调），塑料的颜色更加靓丽，因此通常用饱和度较高的颜色来表现塑料（图 2-2-92）。光亮塑料的表面反光性很强，通过强烈的明暗对比和大面积的留白可以表现这种反光性（图 2-2-93）。使用工具：黑色硬铅、黑色软铅、白色软铅、马克笔和水粉。

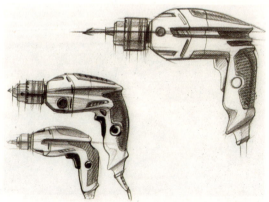

图 2-2-91

第二章 针对产品设计的表现训练

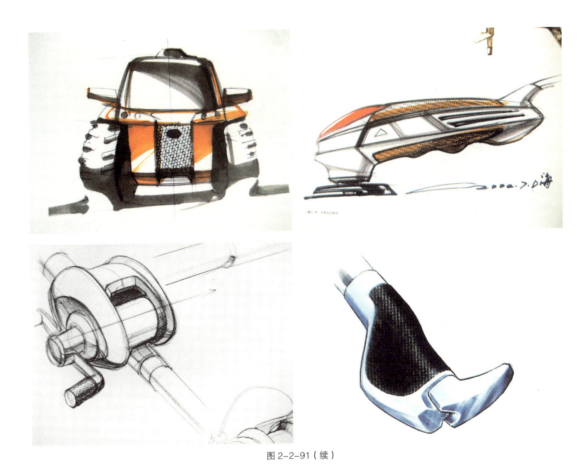

图 2-2-91（续）

图 2-2-92

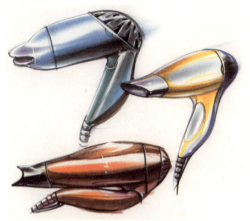

图 2-2-93

图 2-2-94

3. 亚光塑料 / 亚光金属 / 橡胶

亚光塑料（绿色、橙色部分）的明暗过渡平滑柔软，表面模糊、没有反光（图 2-2-94）。这里用黑白软质铅笔、马克笔表现这种微妙的表面。同样方法换用灰色调用来表现亚光金属的质感（图 2-2-95）。

橡胶材质的表面过渡柔和并且对比度非常低。这里用深色马克笔打底，再用色粉和彩铅覆盖来表现。使用工具：黑色硬铅、黑色软铅、白色软铅、马克笔和色粉。

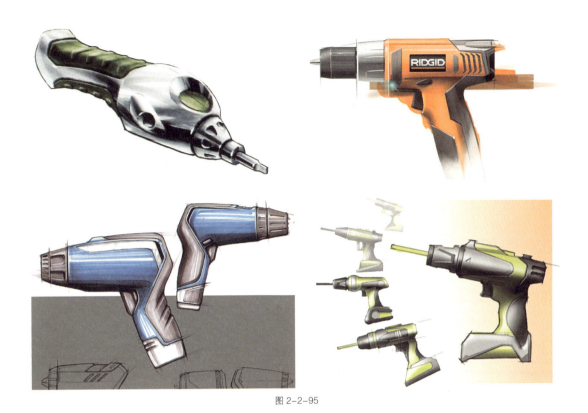

图 2-2-95

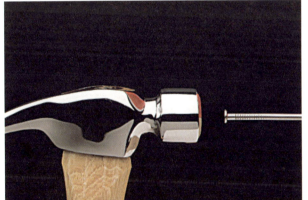

图 2-2-96

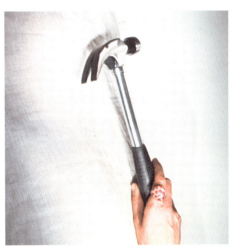

4. 金属

有高度反光的金属材质会像镜子一样反照出周围的环境（图 2-2-96）。用灰色系表现金属，加上强烈的反差和清晰的转折面，以及平滑的表面，大致表现出这种反射效果（图 2-2-97）。

使用工具：黑色硬铅、黑色软铅、白色软铅、马克笔和色粉。

5. 光亮漆面

用马克笔表现亮漆表面剧烈的反光和大量

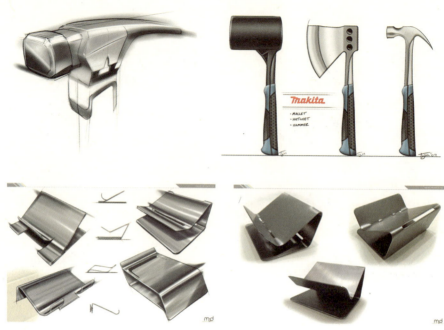

图 2-2-97

的高光。同种色彩的微妙过渡可以用色粉或喷笔来画,表现出不同环境色的反光(图 2-2-98、图 2-2-99)。使用工具:黑色硬铅、白色软铅、马克笔和色粉。

6. 透明材质

有色透明材质在形体转折处或者最厚的地方色彩会加深,如平视瓶身的两侧边缘部分。也因为这个原因,这部分的线条美感也成为形态设计的重点(图 2-2-100)。

透明材质本身的色彩很容易受环境色彩或者与之邻近的实体部分色彩属性的影响,用色时一般选用明度较高的颜色。查找研究透明材质的产品图片有助于有控制地简化反光部分的表现方法。通常透明材质的表面比较光滑,因此高光部分通常留出大面积的白色。也可以通过表现透过透明材质能看到的它背后的东西来增强透明感,如瓶身部分把背后的水平线条用

图 2-2-98

第二章 针对产品设计的表现训练

图 2-2-99

图 2-2-100

图 2-2-101

图 2-2-102

曲线表现，暗示是透明材质（图 2-2-101、图 2-2-102）。使用工具：黑色硬铅、白色软铅、马克笔和 Photoshop。

六、画面美化

如同一件质量上乘的衣服，无论是款式、面料，还是那些细节的布料图案拼接、纽扣、衬里、收口、边线等都表现出同样优质而细致的设计和做工。一幅成功的作品也应该体现在它在各个方面细致而准确地把产品的特征表现出来。绘画的视角、产品呈现的主要表面、对象的表现焦点、背景表现、画面各部分的组织调整、说明文字和符号等细小的地方更是表现一幅质量上乘的作品和体现一位优秀的设计师的重要标志。

1. 视角的选择

在绘图之前，首先要选择一个好的视角。我们可以通过相机取景框，或者用手指模拟的取景框来训练。选择透视角度时不仅要考虑哪个视角最能表达产品形态，还要考虑不同的视角会带给人不同的感觉。

从视角运用效果的角度来看，"蛙眼"的角度或者说"蚂蚁视角"（低视点）让物品显得宏伟、威武，使观众变得渺小。这种角度常用于表现建筑高大雄伟的气质，让体量较小的产品显得大而有力。用"鸟瞰"（高视点）的角度给人感觉物体被审视、被操控，可以避免大体量的物体显得很笨重。如果选用倾斜的地平线来表现，画面将更具有动感和力量感，适合表现有运动感和力量感的产品（图 2-2-103、图 2-2-104）。

2. 产品的方向

为了丰富画面和增强视觉表现力，我们会通过后期合成或者一开始就设定在同一画面中绘制一个物体或多个物体的多个视角。

产品的方向暗示了产品的动态，比如图 2-2-105 中的卡车。有些产品在设计之初就考虑到动态的效果，因此产品的形态本身就很有动感。或者一个产品能从形态上明显具有方向

图 2-2-103

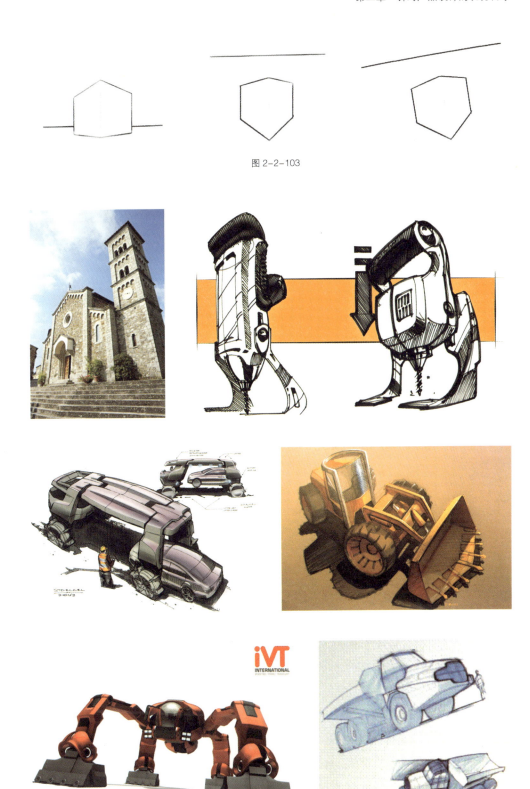

图 2-2-104

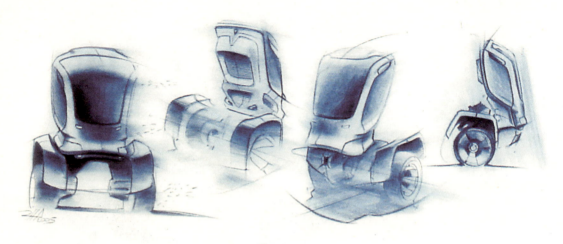

图 2-2-105

图 2-2-106

感,如图 2-2-106 中的运动鞋,很容易区分出哪个部分是前面,哪个部分是后面。画面构图中如果所有产品都指向同一个方向——向左或者向外,就会让画面显得不太舒服并且有些僵硬。为了平衡画面,构图中可以考虑让各个对象的方向各异,同时尺寸和透视都有些变化。

3. 焦点

焦点指画面中让观众的视线集中在产品的某个部分,或者设计师选定的某个设计上的细节部分。画面中的细节充分、浓墨重彩、对比强烈的区域就会成为画面的焦点。如图 2-2-107 中的拖拉机在设计表现中忽略了轮胎部分的细部,使观众的注意力集中在前部。如图 2-2-108 中将希望大家关注的部分充分表达,而其余部分只用黑色线框简化表示。

4. 背景色块

背景色块可以用来遮盖没用的草图线条和出界的色彩笔触,让画面整洁并且紧凑。色块也可以作为一个背景,增强画面与产品的对比,让物体跳出(图 2-2-109)。

注意,如果背景色块的底边低于物体,这个物体就会感觉是漂浮着的;相反,如果像范例中色块底边和其他平面对齐,就会感觉它是这个面的边界或者桌子的上表面(图 2-2-110)。

第二章 针对产品设计的表现训练

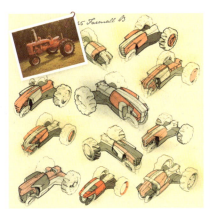

图 2-2-107

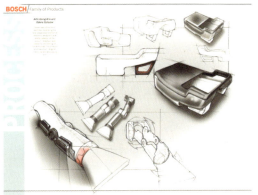

图 2-2-108

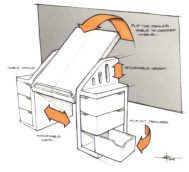

图 2-2-109

图 2-2-110

133

5. 尝试组织画面

再多花几分钟时间组合画面，让画面更有"完稿"的感觉。用颜色或线条尝试各种组合方式。还可以用说明行性的插图来帮助组织画面，比如图 2-2-111 中用气泡暗示香波瓶产品的使用环境。又如，用一条曲线引申出蓝色/绿色曲线形的产品设计特色（图 2-2-112~图 2-2-117）。

图 2-2-112

6. 标志和说明文字

标志对企业来说是重要的符号，因此一定小心不要有拼写错误或改动。如果可能的话，在效果图或渲染图中给标志加一个衬底（图 2-2-118）。

草图中手写的文字以及所有那些花式箭头和标注要特别注意不要因过于随意而影响画面效果。因此作为设计师，手写字的练习也是必备技能之一，而且要多加练习发展出有自己特色的手写字体来。画面中的引出线也应尽量互相平行，保持画面整洁，同时也能反映出设计师的工作作风严谨，这一点是设计师重要特点之一（图 2-2-119~图 2-2-121）。

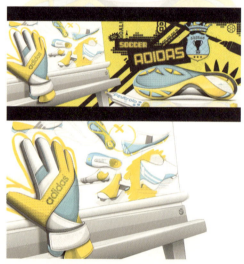

图 2-2-113

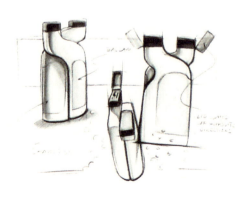

图 2-2-111

图 2-2-114

图 2-2-115

图 2-2-118

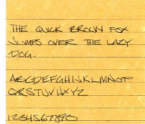

图 2-2-120

图 2-2-119

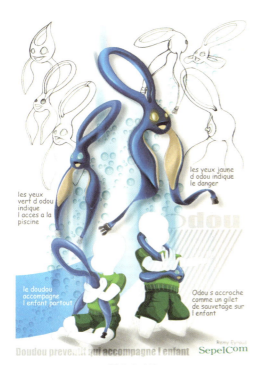

图 2-2-116

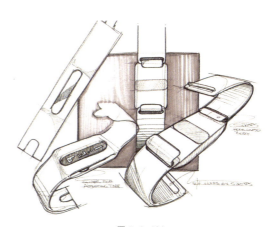

图 2-2-121

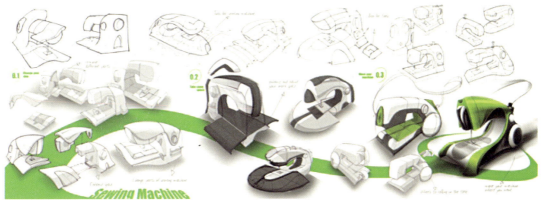

图 2-2-117

第三章 设计过程中的阶段性表现图

在接下来的这个章节中，我们将模拟实际的设计过程，一一介绍在各个阶段中使用到的草图类型。设计的大致过程如下：分析与探索阶段——分析与探索性草图；功能与形态设计研发阶段——功能与形态设计的图解草图；细部完整的设计完稿阶段——展示与推销用的包含大量细节与绚丽效果的效果草图。这几个步骤之间也没有非常明确的界限，在实际操作中这些"步骤"通常前后反复的出现。因此阶段性的草图往往也会超越这些分类。通常画一张效果图会有多个目的，或者很有可能被用来派其他用场。如同你们注意到的，书中的很多草图会在不同章节中作为不同方面的案例多次出现。

一、分析与探索性草图

这一节的草图主要用于设计的概念探索阶段，着重于从功能、形态等各个方面发现问题，以及进一步地理解和分析问题的原因，用视觉化的方法表达解决问题的各种可能性。

为了能在最短的时间内，以最方便、最直接的手法记录各种有用的东西，这类型的草图通常是徒手来画的，仅仅给设计师本人或者一个设计团队看。这些图片将成为决策的基础并进一步在后续的工作中深化，因此具有良好的概念可读性的草图对随后的设计过程非常有指导意义。

1. 记者用工具

图 2-3-1 及图 2-3-2 中的插图和记录不是用来做成果展示的。但是，对设计师来说，把概念视觉化有助于集中注意力，决定设计的进一步深化方向。画面中简单的表现使用场景、使用方式和必要的一些功能设计，配合文字说明快速记录下来。平时多加练习快速熟练地表

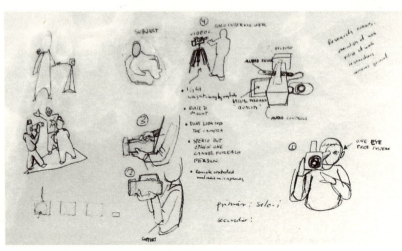

图 2-3-1

第三章 设计过程中的阶段性表现图

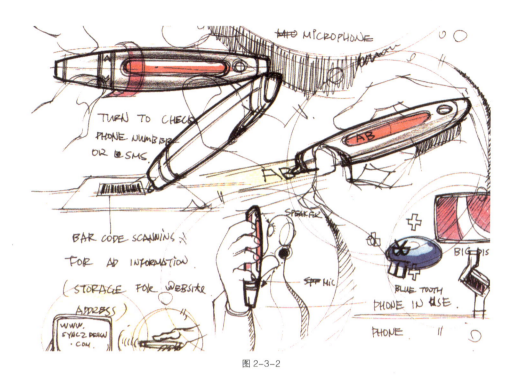

图 2-3-2

现人物形态和动态的技法对于早期的概念设计记录非常有帮助。图 2-3-1 及图 2-3-2 中设计师简单描绘的人物形象既简洁实用又富有个性,让画面更加生动(圆珠笔)。

2. 熨斗——功能设计

在概念草图中,通常会用箭头引出少量文字对产品的某个部分进行标注,避免遗漏那些在绘画过程中冒出来的新设想和新概念,即使这些设想还非常不成形。草图中记录了形态创意的来源,比如图 2-3-3 中鳄鱼和毛毛虫的形象,这些都有助于记录下形态探索过程中任何细小的想法,因此这类型的草图看起来个性强烈并且看起来很有趣(蓝色软铅,图 2-3-3、图 2-3-4)。

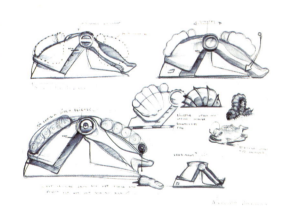

图 2-3-3

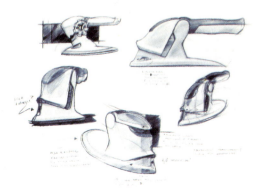

图 2-3-4

3. 车轮——造型灵感

将设计灵感的来源直接用照片表现,这

就是设计中所说的意向图照片。罗列意向图照片直观示意造型的来源,并在此基础上发挥想象,快速而大量地尝试各种新的形态可能性(图2-3-5)。

4. 雨伞架——造型灵感

这是一个简单的造型灵感探索方案,找到合适的元素在基本功能条件下进一步的尝试各种可能性。草图仅仅用线条勾出主要轮廓,这样可以节约时间,以免漏掉那些瞬间即逝的想法(图2-3-6)。

5. 拖拉机——造型灵感

图2-3-7草图中线条的运用比较考究,运用线条的粗细不同制造前后深度。借助透视辅助线准确把握形态。这个阶段没有必要用马克笔精确表现产品的真实反光或者阴影,只是用颜色简单区别产品不同的构件。注意画面中出现的椭圆角度,在透视中同一角度多次使用将会节省大量时间,45°透视角度也配合了椭圆板上的椭圆角度。这张意向图表示设计是针对此款产品的形态改良设计。尝试中保留了标志性的色彩,强调车轮的力量感。主体部分形态是主要研究对象,这部分包裹更多、形态也更加完整,因此造型上更加多变(黑色软铅、马克笔)。

6. 割草机

没有必要让这个阶段的草图显得完美,这些草图最重要的任务是能够通过它们启发深化形态设计。换句话说,从最简单的形体开始画,逐渐增加细节,这样可以让设计师更加专注于

图2-3-5

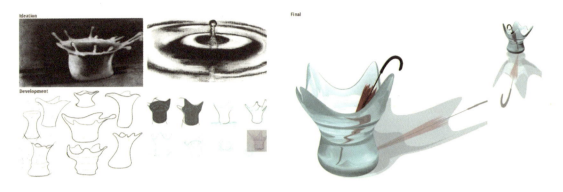

图 2-3-6

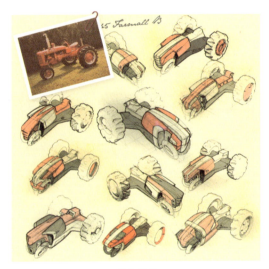

图 2-3-7

图 2-3-8

整体的体量关系,避免在过程中过早加入过多的细节(黑色硬铅、白色软铅和马克笔,图 2-3-8、图 2-3-9)。

7. 耐克运动鞋——构造灵感

图 2-3-10 是一张结构设计灵感的意向草图。意向图照片表示意向来源;旁边画出由此灵感发展出的关键性节点的结构局部,加上辅助的箭头说明结构受力情况;一张节点爆炸图沿轴线方向把各组件展开;以及一张完整侧面造型图。页面上部附有简短文字进行概括,这是一张经过整理的汇报展示用概念说明图,已经对于前期的草图进行重新美化。

8. 跳伞运动头盔——品牌定位

图 2-3-11 这一组图是为一家经营跳伞运动产品的公司在品牌价值与形象定位早期的以

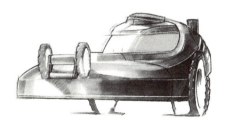

图 2-3-9

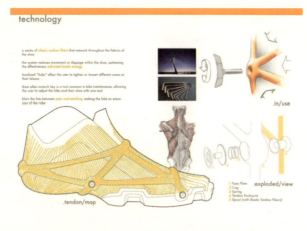
图 2-3-10

图 2-3-11

头盔为案例的形态研究。头盔是严格的左右对称产品，所以这里用简单的正面和侧面的平面图形加上简单的阴影就能快速表现出来。在构思形态的过程中，通常用侧面草图表现，可以快而有效地帮助比较各种设计方案。这个案例中侧面是产品的主要造型面，所以这里侧面图要比正面图多，但事先也为每个侧面相保留了其正面相的位置，以便在讨论中将被选中的侧面造型进一步深化。为了保证平等的对比，所有头盔的大小相同。

9. 电动车

在设计的最初阶段，用这种"拇指图"加速思考。这个阶段设计仅停留在整体的形态概念上，这种拇指图也能避免为了撑满画面而过早添加不必要的细节。用这种快速的方法在质量较差的纸

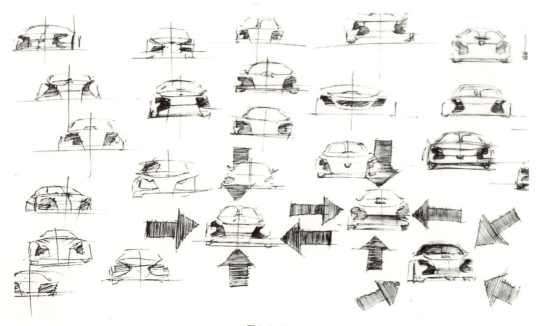
图 2-3-12

第三章　设计过程中的阶段性表现图

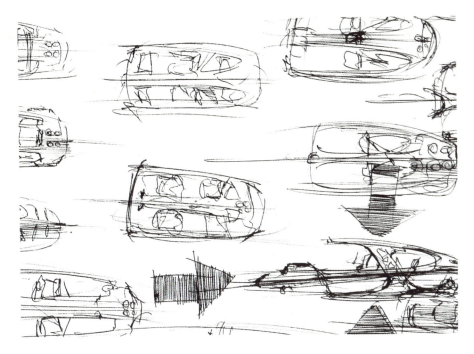

图 2-3-13

上画。箭头指向的是值得深入下去的方案,中心线表示对称的造型。范例中的"拇指图"是实际尺寸(圆珠笔,图 2-3-12、图 2-3-13)。

10. 电动车

在前面的草图基础上有了进一步的形态设想的概念草图。注意这里只对外壳的部分进行了渲染。保留的中心线表示对称形体,透视线表示透视方向,光源方向的设定只为表现明暗交界线的形态,这有助于进一步构思形态(蓝色软铅、曲线板,图 2-3-14)。

11. 刀具——造型构思

在构思形态的过程中,通常用侧面草图表现,可以快而有效地比较各种设计方案。马克笔的运笔完全配合形态的走势(图 2-3-15)。

图 2-3-14

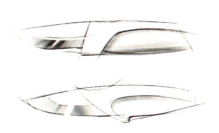

图 2-3-15

141

12. 鞋——形态构思

鞋类特别是运动类鞋常常是设计师的练笔热门。鞋的侧面和底部是造型的重点,仅画出这两个面让产品平面化,提高绘画速度。草图中让富有动势的线条超出边界,是增强产品速度感的常用技巧(针管笔、蓝色软铅、白色软铅和灰色马克笔,图2-3-16、图2-3-17)。

13. 卡车——造型构思

图2-3-18 这些草图研究并明确了某个卡车品牌的特征。为了快速地从同一个透视角度研究产品的形态特征,我们可以用一个事先画好的模板垫底,在上面描出大致轮廓,然后适当作出调整。在宽屏窗户后面加上背景色块增强对比,让窗户显得更加明亮。这里部分使用Photoshop帮助完成草图的拼贴(黑色硬铅、Photoshop)。

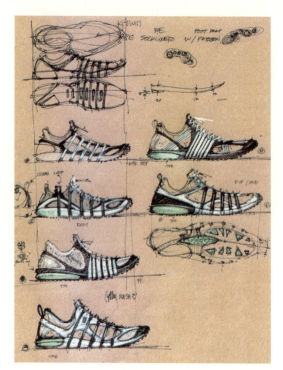

图2-3-16

图2-3-17

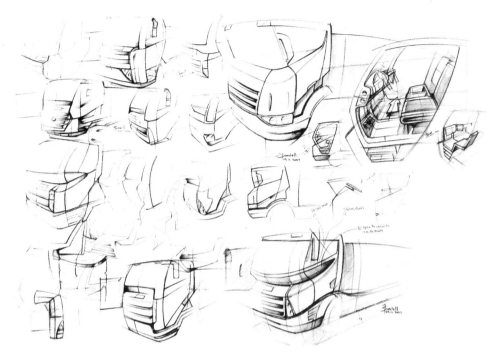

图 2-3-18

14. 手钻——三维造型构思

小件物品，从侧面视图中大致构想出造型元素后，通过各个视角的透视图大致表现出来，以便审查实际效果。图 2-3-19 主要表现整体造型和主要造型构件，前端的钻头部分不属于设计的范围，可以省略表现，仅在较完整的透视图中作为整体效果的参照简略表达。简略添加明暗，表现立体感并用来区分不同材料。用花式曲线引出线、水平文字标注简略说明各部件的名称（黑色软铅）。

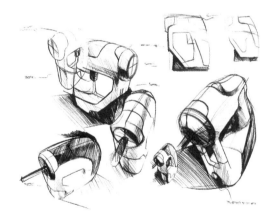

图 2-3-19

15. 铰接式自卸车——造型审查

图 2-3-20 和图 2-3-21 这几张图分别从卡车的前右侧、前左侧和前右侧底部低视角、前左侧顶部俯视角几个角度全面完整地展示整车的基本造型。为保持现阶段的细部设计程度（避免过早加入过多细节），构造部分和技术性

图 2-3-20

的细节都隐藏在暗部。简单的人物造型可作为卡车的尺度参照。

这几张图开始都用圆珠笔画，然后用马克笔，最后用重色圆珠笔把边缘线条加重。马克笔会把圆珠笔线条晕开，所以这几张图中在上完马克笔之后，又上了一次圆珠笔（圆珠笔、马克笔）。

16. 洗碗刷——使用状态构思

图 2-3-22 画面中围绕原图的文字说明（材料说明、功能说明）和放大的细部图会更为直观地说明设计要点，两部分用箭头联系。图中的手提供尺度参照，同时说明如何用手与刷子配合（蓝色硬铅和软铅、签字笔和马克笔）。

17. 护目镜，对称形体造型设计构思

图 2-3-23、图 2-3-24 中设计师用中心线表示产品具有对称性，并通过选取的角度、细部的多少及线条力度和宽度的对比，集中表现其中一半的形态，为现阶段的设计节省时间。因考虑是一个运动型的产品设计，部分放开的线条有助于增强速度感、运动感和生命力。鼻子下面部分用特殊的材质模板和白色软铅笔表现（黑色硬铅、白色软铅、马克笔和材质擦板）。

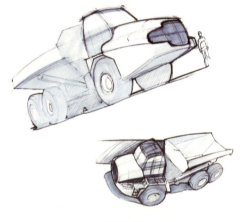

图 2-3-21

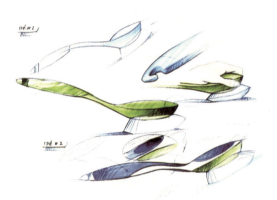

图 2-3-22

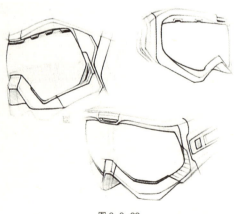

图 2-3-23

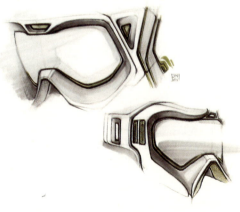

图 2-3-24

18. 水龙头，造型设计构思

依据修长的形态特征，用长线条的笔触贴合形体走向，尖锐过渡的冷灰色系马克笔表现光亮的金属质感。带方向性的宽箭头可以表现在三维空间中的运动方向，此类箭头应符合透视规则。花式箭头配合说明性文字，或将文字限制在圈内或方块内保持画面整洁（蓝色硬铅、签字笔和马克笔，图 2-3-25）。

19. 公共座椅

对于简单的形体可以通过调整画面的色调产生不同的效果，同时运用阴影的规则添加暗部阴影让画面造型变化更加丰富，强烈的明暗对比暗示室外明亮光照下的产品特征，同时让产品更加突出。在图 2-3-26 中，原画用灰色马克画，再用 Photoshop 调整色调（黑色硬铅、签字笔、马克笔和 Photoshop）。

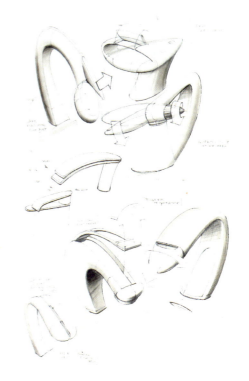

图 2-3-25

20. 摩托车

图 2-3-27、图 2-3-28 这两张草图描绘细致。通常在透视图的某个部位增加细节增强对比，可以拉近这个部分与观众之间的距离。特别是挑选那些主要造型构件效果更加强烈。同样用这种方法也可以在平面图中有重点地表现设计细节。这种手法可以运用于表现所有运载工具或移动工具的运动感和速度感。油箱上部留白让车身更显光亮，增强对比，马克笔的运笔方向和车身的运动方向一致也会增强这种运动感。透视图视角选用广角"鱼眼"镜头效果，让产品产生形态扭曲，更显力度。保留的两个车轮的透视线暗示选择的透视角度，并增强扭曲的张力，这一透视角度值得学习（黑色硬铅、黑色/白色软铅、马克笔芯、马克笔和椭圆板）。

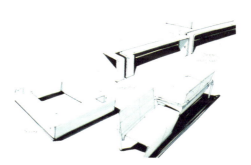

图 2-3-26

图 2-3-27

21. 跑车——造型构思

如图 2-3-29 这种将视平线贴近地面的后侧视角透视变化少，相对比较好画，是设计师在概念设计阶段表现的常用视角。用车身侧面的椭圆来测量整个底盘的比例关系，通常前后轮之间有 2.5~3 个车轮的间隔，超出或不足这个比例是初学者很容易犯的错误（蓝色和棕色硬铅、圆珠笔、马克笔和椭圆板）。

车身侧面造型是车身的主要造型部位。图 2-3-30 这组图同时考虑车窗和车身造型的平面效果（蓝色硬铅、马克笔和椭圆板）。

通过后右侧和前左侧部分的平视角效果展示，完整表现车身造型。截面线用带箭头的细线表示形体起伏造型，同时和形体转折线区分开。把设计重点考虑的部分用马克笔上色，其他已经确定下的部分留白以节省时间（蓝色硬铅、圆珠笔、马克笔和椭圆板，图 2-3-31）。

图 2-3-28

图 2-3-30

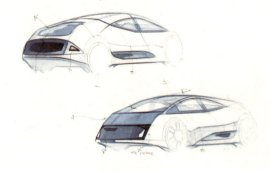

图 2-3-29

图 2-3-31

二、图解设计草图

在设计构思较为成熟的阶段,图解草图用来对产品的功能设计、结构设计和造型设计作出解释。设计师站在中立的角度而非推销的角度,用视觉化的语言对设计进行说明并让大家交换意见。说明性草图通常公正地从使用者和客户的角度提出可供评价的多个概念。因此画面渲染得精细程度较低,画面经常会反复出现局部放大、多个角度、多个状态的半成品草图,同时常常伴有大量指引说明。

1. 跑车结构

图 2-3-32 是特别为与技术工程师交流而用的。为了方便理解,用黑色马克笔把未设计区域、其他部分与该部分隔离开,与周边衔接的线条也逐渐虚化。注意说明文字的引出线局部平行,说明文字是全大写的公正手写体,作者特别用平行线规范字母的高度。这样做让画面显得工整而谨慎,能反映出设计师严谨的工作态度和设计的思维方式(石墨铅笔、圆珠笔、马克笔和水粉)。

2. 车内家具设计——功能设计

图 2-3-33 中用不同角度的三张图来解释车内部在使用过程中所呈现的不同状态。直接用 3D 辅助软件画出的车身图片作底稿可以节省画线稿底图时把握透视和尺度的时间。左上角图显示要展示的部分在整体中所处的位置。右上角图用宽箭头描述坐椅可移动的部分及其移动方向;左下角图同样用宽箭头说明前排右侧储藏空间盖板的开合方向。注意标注的引出线基本平行,标注文字与画面或与画面中的主体平行,并且整齐排列(黑色硬铅、马克笔)。

3. 车顶天窗

在表现一个可移动的比较复杂的主要设计部件时,比如图 2-3-34 这个范例中的可开闭的车顶天窗,通常要把这个物体画两遍或更多遍,确保能够清晰地表现这部分在不同位置上的状态。左侧的车子倾斜构图,为避免飘浮的视觉错觉,在车身下方增加倒影表明它在一个

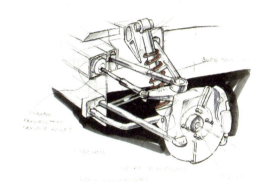

图 2-3-32

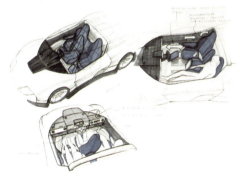

图 2-3-33

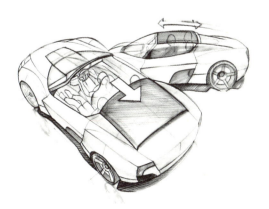

图 2-3-34

平面上，投影部分直接用浅灰色马克笔画，避免因过于清晰而太过挑眼（黑色硬铅、马克笔）。

4. 打气筒

图 2-3-35 反复多次从不同角度来说明设计的各个细节部分，顶部指针、芯筒、底部气管缠绕收纳方式等。用圆圈及箭头从整体效果图中引出需要解释的部分，另作放大草图来说明细节的样式。

5. 儿童车内坐椅

一系列的使用方法——如何折叠、打开、翻转等——这些必须一步步的进行图解说明。这种对产品的说明性草图非常有利于观众以图像的形式快速了解产品的功能和使用方法。在教学中学生往往习惯于用文字语言说明复杂的概念设想和使用方法。这一步骤的训练将会促使学生掌握视觉化说明的职业表达技巧，并养成习惯（图 2-3-36、图 2-3-37）。

6. 割草机

图 2-3-38、图 2-3-39 中设计师用马克笔在产品表面添加反光效果，这么做不是为了画面效果而是为了说明产品表面质感光洁的特点。用两种简单的色彩区分整体的形态关系，注意留白和增强两种材质的不同光洁度的质感

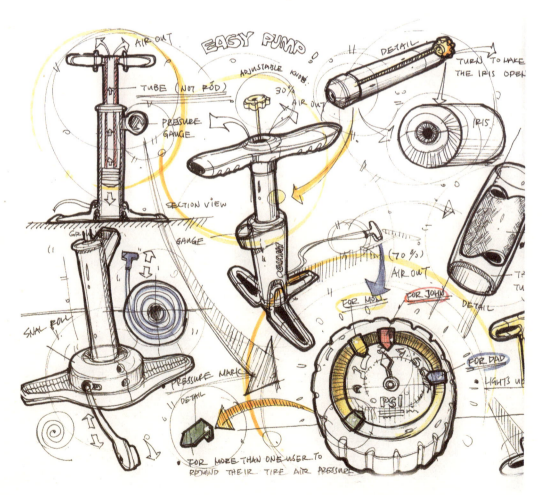

图 2-3-35

第三章 设计过程中的阶段性表现图

图 2-3-36

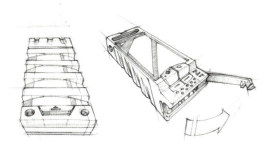

图 2-3-37

图 2-3-38

图 2-3-39

对比（黑色硬铅、黑色和白色软铅和马克笔）。

7. 机械结构

用爆炸图按照产品的每个组成部分的组装对位关系进行说明。如图 2-3-40~图 2-3-42 所示的爆炸图展示了展品的各个组成部分，各部分沿中心、沿组装轴线方向外扩散。这种图说明产品的各个组成部分，表明产品是如何装配起来的，也有助于使结构形态和功能更加清晰。

8. 新闻工作者用产品

图 2-3-43、图 2-3-44 这些范图中的主要

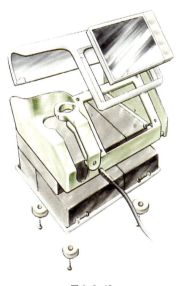

图 2-3-40

149

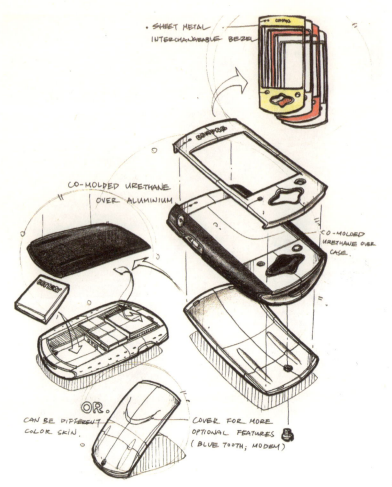

图 2-3-41

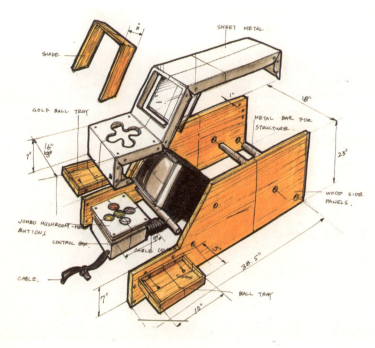

图 2-3-42

第三章 设计过程中的阶段性表现图

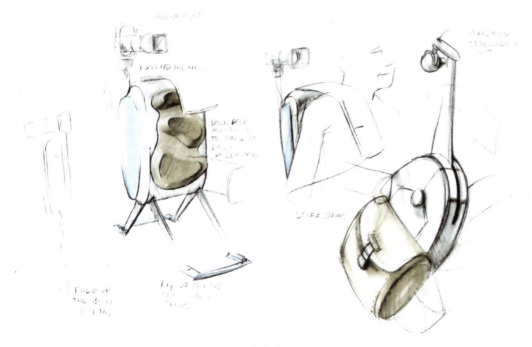

图 2-3-43

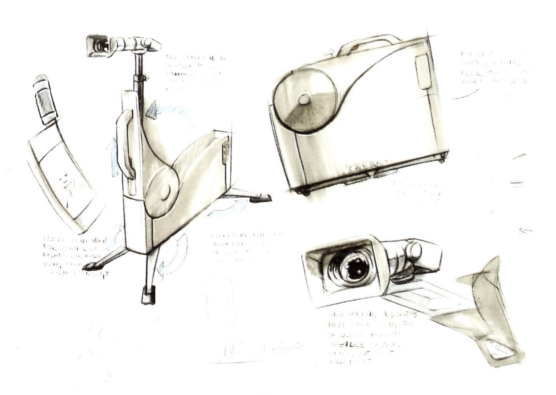

图 2-3-44

151

第二篇　产品设计表现篇

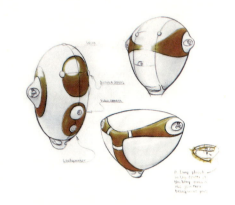

设计部分刻画较仔细，与其产生对比的其他部分用铅笔画表示其次或相关辅助的地位。范例产品是背包式组合产品，因此需要用正在使用中的人物形象来表现如何肩挎，挎在什么位置。此时摄影镜头正好处于记者后侧方与其视线等高的位置，确保摄影视角与记者所见相同。组合产品中紧凑地包含大量工具，因此有大量可活动的部件，需要配合大量箭头表明组件的活动方式（黑色硬铅、黑色和白色软铅和马克笔）。

9. 自动气球机器人

这里为表现亚光的曲面充气式形态，用灰色马克笔柔和过渡。首先用细轮廓线确定形态，然后用中间色调表现暗部。在马克笔墨汁还没有干的时候加上其他灰度的马克表现均匀过渡的形态。如果纸面清洁，马克笔就能很容易地表现出柔和的过渡色彩。黄色部分着重表现功能部件的设计（黑色硬铅、马克笔，图2-3-45）。

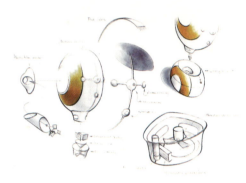

图 2-3-45

10. 数码摄像机

图2-3-46为那些没有设计师在场的观众提供说明。中心部分整体表现，加上阴影暗部，表现较为完整的整体造型。四周空白部分的线稿小图说明设计中的可移动部位、功能特征以及其他设计细节。画面内容主次分明（黑色硬铅和软铅、马克笔）。

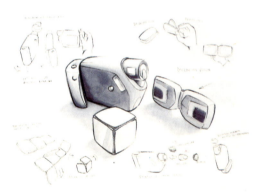

图 2-3-46

11. 帆船皮艇

图2-3-47集中表现产品的主要结构部件所在的区域。注意画面中桅杆的投影，这个细节是增强画面真实感，展示表面光洁的一种技巧。主要构件用引出线配合文字说明再次作强调说明（黑色硬铅、Painter）。

图2-3-48是局部放大的细节布局说明图

图 2-3-47

解范例。截面线条说明皮艇的形态特征,辅助简单表现光影关系加强对形体造型的解释,明确区分各个转折面的造型特征。局部构件用引出线配合文字说明(黑色硬铅、Painter)。

12. 铰接式垃圾卡车

图 2-3-49 为了将注意力集中在车身外部,卡车内部没有具体表现,只是大致暗示一下。这张效果图使用马克笔通过两种方法来表现形态。用纸片蘸着马克笔墨汁自由地擦涂形体表面,而不拘泥于形体轮廓线内,表现卡车的粗犷的个性特征。用线条明确形体,用马克笔部分填涂,部分留白表现冰铜烤漆表面的光洁反光(黑色硬铅、白色软铅、马克笔补充墨水、马克笔和椭圆弧线板)。

13. 通信装置

图 2-3-50 这些草图用来解释设计概念。这里没有采取常见的环绕式细节说明草图模式,而是用灰色背景方框类似四格漫画的方式表现每个场景,这是一种统一画面的方法(黑色和白色的软铅、马克笔)。

图 2-3-51 这张范图中尽可能全面地在一个单页中全面展示一个设计的各个方面,包括图表、文字、图片以及方案。右侧的产品整体造型和设计重点说明图解底部都添加了阴影,使之成为画面要表达的中心,也是最重要的内容(黑色和白色软铅、马克笔)。

14. 家具品牌设计

图 2-3-52 画面中主要强调的是产品中具有特殊功能考虑的设计重点部位,作为补充说明的平面视图增强了设计概念可读性。黑色线框表现产品的造型轮廓,灰色系马克笔表现产

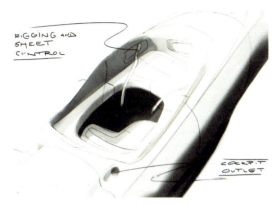

图 2-3-48

图 2-3-49

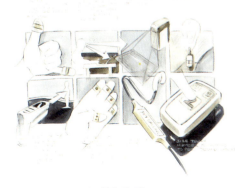

图 2-3-50

图 2-3-51

品基本的明暗关系和形态特征,蓝色马克笔强调设计重点部分,与其他部分形成色彩反差,也强调图面需展现的最重要的部分。

图2-3-53局部造型放大,配合剖面图表现产品可移动部分的使用方法(黑色硬铅、马克笔)。

15. 急救车内部

图2-3-54配合急救主题,在画面表现中用红色宽线表示剖切线,红色箭头说明室内设施的使用方式,体现作者紧贴主体的设计思路(黑色硬铅、Painter)。

16. 注射器,急救用品

图2-3-55是一张设计项目初级阶段的设计概念效果图。为了后期深化设计,图面中仅仅表现产品的形体对接关系,没有过多细节(Photoshop)。

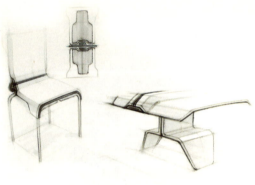

图 2-3-52

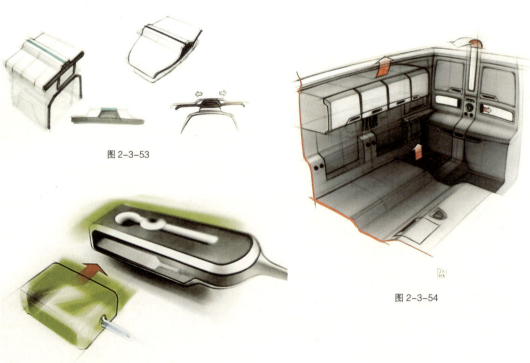

图 2-3-53

图 2-3-54

图 2-3-55

17. 储藏系统——急救用品

图 2-3-56 是一个说明背包使用方法的快速效果图。两个侧面透视图，一个正面平视图，一个细节使用方法说明图，简单的文字图表作为图像的补充说明，已经能够大致说清楚问题（黑色硬铅）。

18. 汽车

图 2-3-57 用灰色阶表现的效果图，因为不能用色彩的饱和度加以区分，所以必须利用明暗的强烈对比表现深度并强调设计的重点部分。一张侧俯视图说明顶部造型设计；一张正侧面正常视角透视图——这张最为重要，明暗关系和细节也最为丰富；一张后侧平视图说明车尾造型设计。下部的两张都是平视角透视图，这种视角比较快捷。一个前侧，一个后侧，基本能看清整体造型（黑色硬铅和软铅）。

19. 拖拉机副驾驶用地图阅读器

图 2-3-58 有尽可能详细的细节和说明，清晰地说明每个部件的设计考虑。效果图渲染真实，截面线进一步说明产品表面起伏的形态（黑色硬铅、黑色和白色软铅、圆珠笔、马克笔、色粉和水粉）。

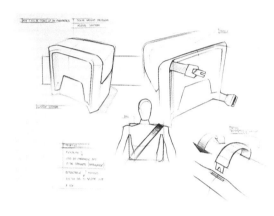

图 2-3-56

图 2-3-57

第二篇 产品设计表现篇

20. 老年人护理用床

图 2-3-59、图 2-3-60 在用效果图说明产品尺度和使用方式的时候通常要画出整个人体特征，包括头、手及身体其他部位（黑色硬铅、圆珠笔和马克笔）。

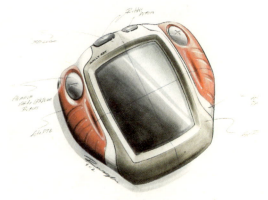

图 2-3-58

21. 工具箱卡车，结构图

图 2-3-61、图 2-3-62 这些图用来与工程师交流。主要用来考量细节的具体数据对设计形态的影响。用较详细的明暗关系表现整体形态特征，再将其中重要部件拆解，配合文字单独详细描绘（圆珠笔、签字笔和马克笔）。

图 2-3-59

22. 汽车

图 2-3-63 这是一张一点透视图，先画出车子的一半，再用这一半作为衬底沿中心线画出对称的另一半，这样的视角也能缩短绘画的时间。注意这里轮子下面倒影的处理烘托了设计的重点部分，车后部虚化表现。画面表现层次分明，清楚地指明设计考虑的重点部分（圆珠笔、白色软铅、签字笔和马克笔）。

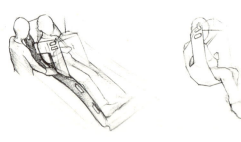

图 2-3-60

23. 卡车

把圆珠笔画的线稿扫描进 Photoshop 后

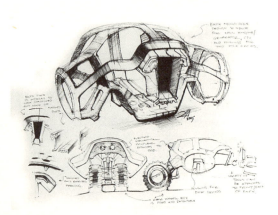

图 2-3-61

图 2-3-62

156

再打印出来，之后在上面用马克笔填色的时候就不会把底稿弄脏，也能重复上色。通过调整图像透明度把线稿调淡，便于在原稿的基础上调整形态。要表现完美的褪晕最好保证纸张湿润，先上浅色马克，再逐步增加马克笔的深度，用从白色到黑色之间的整个灰色系表现空间深度（圆珠笔、签字笔、白色软铅、马克笔和Photoshop，图2-3-64）。

24. 文件夹

图2-3-65中用多个角度、多种使用状态的草图表现产品的功能考虑和使用方法（签字笔、马克笔和Photoshop）。

25. 救护担架

图2-3-66中包括一个人物形象，三张使用状态图表现产品的尺度和使用方式（签字笔、马克笔）。

26. 厨房工作台

两张二维平面图配合三张三维透视效果图，能更准确快速地说明整个产品的尺度关系、组合关系和使用方法。图2-3-67中用箭头指示移动方向（签字笔、马克笔、白色软铅和Photoshop）。

把黑白线稿扫描进Photoshop填色。用电脑简单添加反光及其他光线效果（注意玻璃

图2-3-63

图2-3-64

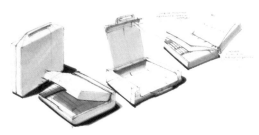

图2-3-65

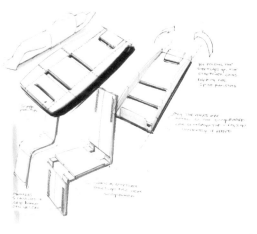

图2-3-66

上的反光）。如图2-3-68，本来用喷笔表现的效果现在用电脑模拟器来完成。这位作者想要保持画面明暗度的平衡，他选择低对比度的色彩统一画面的构图（签字笔、马克笔和Photoshop）。

27. 飞机上的食品供应系统（1）

图2-3-69把提出的概念与现况相比较。画面分为两半，用图形、箭头配合文字来说明想法，用更直接的平行比较方式说明改良后与改良前各个环节的状态对比。从黄色箭头和数字标的数量上明显看到改良后流程减少一个，状态减少两个（黑色软铅、马克笔）。

28. 飞机上的食品供应系统（2）

图2-3-70说明了使用匹配方面的细节设计。透视角度基本统一（黑色硬软铅、马克笔）。

29. 飞机上的食品供应系统（3）

图2-3-71用三点透视让小尺度产品的立体感更加强烈。剖面图结合透视图说明从外表上无法表达的内部功能设计考虑（蓝色硬软铅、马克笔）。

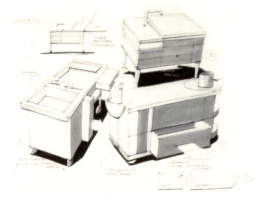

图2-3-67

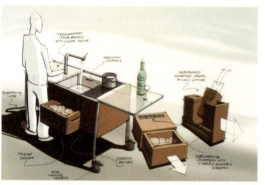

图2-3-68

图2-3-69

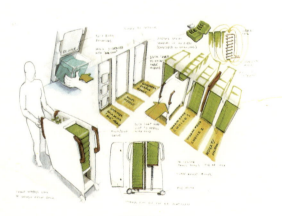

图2-3-70

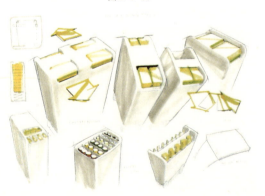

图2-3-71

三、绚丽的效果图

具有展示推销意义的最终效果图比解释性图解图更要更进一步——不仅要解释产品各部分的设计考虑，还要强烈感染观众，打动说服他们接受整个产品。在某些范例当中，说服性草图更主要的目的是渲染出带有精细细部的实际产品的个性气质。

大部分设计师不会花大量的时间仔细渲染手绘效果图，而是选用 3D 辅助设计软件来完成。当然大部分人都认为手绘的效果图在表达、图片质量和艺术美感等各个方面都独一无二，是 3D 渲染无法超越的，但单纯手绘的作品存在着制作过程中不可涂改逆转、产品表面的光泽度不够等表现效果的局限性。现在更多的是综合利用三维软件和平面绘图软件，一定程度地依靠电脑，同时利用手绘板手绘共同完成效果图。

1. 太阳能电池背包

图 2-3-72 用 Photoshop 在线稿上渲染，向无设计师在场解说的观众推销概念。这张图先用铅笔在纸面上打出产品的基本轮廓和结构线，再输入进电脑，作为 Photoshop 的底图，使用软件中的路径工具可以描绘出精确的线条，首先用矢量线圈定范围，然后在遮罩内用笔刷工具划线等。这张图中的部分线条用加粗路径的方式加重（黑色软铅、Photoshop）。

2. 护目镜

图 2-3-73 把镜面背后的皮带虚化，以强调镜面的透明性。皮带上的花纹肌理用 Photoshop 中的材质笔刷表现。设计师选用了一种玫瑰图形来强调护目镜皮带的"摇滚"气质（黑色硬铅、Painter）。

3. 铰接式卡车

图 2-3-74 画得很快，大约花了 90 分钟完成。手绘的线稿草图被扫描作为底稿，同样使用路径工具以加快工作速度。画面中车后部略高，头部略低，倾斜构图，后虚前实，主要焦点在卡

图 2-3-72

图 2-3-73

图 2-3-74

图 2-3-75

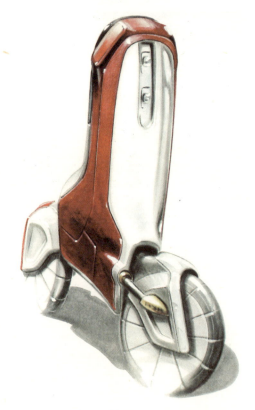

图 2-3-76

车的正面,构图及表现方法适合于表现卡车前部的厚重感、力量感(圆珠笔、Photoshop)。

图 2-3-75 是一张纸面表现的效果图。用蓝色的单色渲染更容易向观众传达卡车冷峻的产品个性。首先画出中间色调,然后分别提亮、加重画面的亮部和暗部。为了表现闪亮的高光部分(比如图中明亮的窗户),设计师建议把预想要表现的区域切除重新贴上一张崭新的白纸(蓝色/黑色/白色软铅、马克笔、马克笔补充墨汁和椭圆板)。

4. 交通工具——形态设计

图 2-3-76 展现了包括全部细节的最终设计的整体效果。反光天空的部分用色粉快速均匀表现(白色部分)。用模板表现光洁线条。注意轮子部分怎样与地面"融合"。这是在交通工具中常见的处理手法(黑色/白色软铅、马克笔、色粉、水粉和椭圆弧模板)。

5. 电动手锯

如图 2-3-77 所示的效果图都是为了在产品设计中期向委托商展示产品的初步造型效果而快速完成的。首先把线稿扫描进 Photoshop,然后用大笔刷添加明暗及色彩。每张效果图大约用了 2 个小时完成(黑色硬铅、Photoshop)。

6. 工具箱式卡车

图 2-3-78 这张复杂的渲染图有多个图层按步骤叠加表现。首先以粗略的形态草图作底稿,根据设计的深入调整修改。再以它为底稿进一步添加细节再重新确认形态,如此循环。当设计形态最终定型后,将最终的铅笔线稿扫描输入到 Photoshop 中。用路径工具描绘形态,同时再一次确认造型轮廓。然后用低透明度的

第三章 设计过程中的阶段性表现图

图 2-3-78

图 2-3-77

喷笔单色填充，用加亮、加深工具描绘高光和阴影。用暖色和冷色重复这个步骤逐步叠加（黑色硬铅、Photoshop）。

图 2-3-79

7. 卡车设计

图 2-3-79 这张造型设计中期的卡车效果图相比前面那张戏剧性气氛和速度感效果更加强烈。在软件里用几个路径（轮子部分）和 Photoshop 粗糙边缘的笔刷增强画面的手绘感。这种粗糙边缘的笔刷让画面略显松弛，这也是一种可以接受的画面效果，特别在设计中期形态尚未完全确定下来时，这种个性特征强烈，而形体尚不明确的效果图更容易激发设计灵感，有利于把握设计方向继续深入设计（黑色硬铅、Photoshop）。

8. 燃料电池轿车

图 2-3-80 这幅画用了一整个工作日的时

图 2-3-80

图 2-3-81

161

间来画（超过 8 小时）。首先用 Painter 软件粗略渲染出如前一幅那样的效果，再不断增加细部强化明暗对比（Photoshop、Painter）。

图 2-3-81 用 3D 模型作为底图进行渲染。此图的画者建议，要想达到这样有光泽的效果，必须要了解如何表现反光。留意并试着再现环境光在各种材质表面的效果将有助于掌握这种渲染技法。另一个建议是通过拷贝或模仿别的设计师的表现风格来提高自己（Photoshop、Painter）。

图 2-3-82 是用对称画法画汽车效果图的又一个范例。在完全对称的车身造型上添加光影和局部反光，在照片背景上略微倾斜车身轮廓，增加画面真实感也能打破完全对称的僵局。

设计来源和概念的拓展是设计项目中最为重要的部分，画面中下端车头部分的设计就趣味性地受到狮头骨的形象的启发，因此在车头附近设计师将其灵感来源的形象也画在了画面上。这张作品也是在 3D 模型的基础上渲染，并用平面绘图软件进一步绘制以追求其松散的手绘感觉（Photoshop、Painter）。

9. 迷你 SUV

图 2-3-83 是从全面表现 SUV 设计的多个角度的效果图中挑出的三张。上面一张是车身完全打开后的透视图，这样可以在一张效果图中展现尽可能多的信息。用圆珠笔和灰色马克笔做的底稿导入 Photoshop 进行上色渲染，取

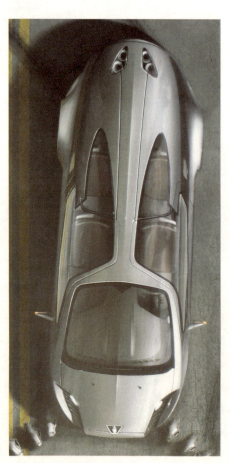

图 2-3-82

图 2-3-83

代用色粉描绘过渡、高光以及细节部分的复杂工作。画面光泽感强烈，文字说明部分也很工整（圆珠笔、马克笔和 Photoshop）。

10. 双门跑车

图 2-3-84 是项目中期的概念效果图，用了一个工作日的时间来完成 2~3 张这样的效果图。主要表现了总体形态的比例和主要的体块分割，没有过多细节，以便展现这个不成熟的阶段及需要深入的地方。避免细部过于精细，保证草图的阶段性非常重要，反之观众或客户产生误解，过早地认定这是产品的最终效果。这样的误解将会限定设计师对形态设计的深入。

用 Photoshop 大笔刷上色，白色笔刷擦除部分图像，添加对比和高光——这是马克笔无法达到的技巧。对比最大的部位留给最需要表现的部分，背部的高光部分（圆珠笔、Photoshop）。

11. 铰接式卡车

图 2-3-85 快速简单的线条表示环境特征，以便将注意力集中在卡车身上。部分线条淡淡地穿过车身轮廓，让画面更加生动，添加人物可以为车身的尺度作参照（黑色硬铅、马克笔、椭圆弧模板和 Photoshop）。

12. 拉力卡车——产品预想

图 2-3-86 这两个预想图主要向委托商展示这个产品可能的不同方案。这两张图主要渲

图 2-3-85

图 2-3-84

图 2-3-86

图 2-3-87

图 2-3-88

图 2-3-89

图 2-3-90

染产品的个性特征，除了几个基本组成部分，其他形态比较模糊，属于设计中期的效果图。设计师主要通过亮面和暗面的表现方式塑造形体。把光源设置在产品的尾部和后部制造戏剧性的效果，让明暗交界线和主要暗部区域面向观众，画面充满力量。画面中车身前实后虚、背景中的横线处理手法增强产品的速度感（圆珠笔、Photoshop）。

13. 邮递车

图 2-3-87 背景圆弧形的地平线上短促细碎的线条表现建筑轮廓，在示意产品的城市使用环境的同时，充分配合产品弧线形的造型特征和小巧灵动的个性特征（黑色硬铅、Photoshop）。

图 2-3-88 用夸张的鱼眼透视、后轮的方向转变表现产品的运动感和灵活的方向转变性能。设计师表示，考虑到车辆本身的情感特征，表现的时候就应该比普通的静态产品更加富有动感（黑色硬铅、Photoshop）。

14. 腕表

图 2-3-89 是一张设计中期为把握产品个性特征的效果图。画面中产品的风格特征比较强烈，鲜艳强烈对比的色彩及产品粗犷的造型体量与轮廓特征相呼应。整副画面线条变化多，细部不明确，突出的线是轮廓线和局部的红色背景，让腕表从画面中凸显出来。透视辅助线和末端虚化的线条都表示这是一张未定稿的效果图（蓝色硬铅、白色软铅、圆珠笔、马克笔、水粉和椭圆弧模板）。

图 2-3-90 相比前面一张更为完整，包含更多细节表现，是一张定稿效果图。用马克笔在纸背填色，用水粉描绘大量高光和反光表现

表链部分的金属感。在完整的线稿底稿的基础上渲染，可以避免出现透视线和辅助线，画面更加干净（黑色软铅、签字笔、马克笔、水粉和椭圆弧模板）。

15. 轿车——渲染练习

图2-3-91、图2-3-92这四辆车的渲染效果图主要表现和抓住的是产品的个性特征。图2-3-91主要展示车身材质的光亮效果，通过表现多个层次的反光，把受光部逐渐提亮，背光部加深以增强体积感。图2-3-92主要通过画面场景的色彩基调以及环境色烘托产品个性。在开始的混沌场景中可以不用表现阴影，因为随着光亮部分的提高自然形成阴影。这个阶段建议参考型录、杂志上的图片来寻找灵感，以便准确把握色彩基调与产品个性特征的配合。在表现绘画时了解产品的个性，选择合适的画面气氛和情感特征。

图2-3-91

图2-3-92

参考文献

[1] 黄钟琏编著. 建筑阴影和透视. 上海：同济大学出版社，2005.
[2] 田原编著. 室内外效果图表现技法. 北京：中国建筑工业出版社，2006.
[3] 黄兆华著. 室内设计表现技法. 福州：福建美术出版社，2004.
[4] 钱海月编. 建筑装饰表现技法. 上海：上海交通大学出版社，2007.
[5] 董蔬，王强著. 室内设计手绘快速表现. 上海：上海人民美术出版社，2007.
[6] 丁斌编著. 室内设计表现技法. 上海：上海人民美术出版社，2008.
[7] 梁展翔，李詠絮编著. 设计表现技法. 上海：上海人民美术出版社，2004.
[8] 朱瑾著. 手绘建筑效果图表现技法. 南昌：江西美术出版社，2007.
[9] 许祥华著. 建筑宽笔表现. 上海：同济大学出版社，2006.
[10] 中国建筑与室内设计师网. 骁意文化组编. 室内快速手绘表现作品集. 北京：中国人民大学出版社，2009.
[11] 周际编著. 设计与表现·周际室内设计. 天津：天津大学出版社，2009.
[12] 潘慧锦，周鲁潍编著. 室内设计效果图表现技法. 上海：上海人民美术出版社，2008.
[13] 陈朝杰，尹航，杨汝全编著. 设计表现基础与经典案例解析. 北京：中国电力出版社，2006.
[14] 盛建平著. 设计透视方法. 北京：中国轻工业出版社，2008.
[15] 白缨编著. 艺术与设计透视学. 上海：上海人民美术出版社，2005.
[16] 钟家珍主编. 设计图学. 长沙：湖南大学出版社，2004.
[17] 谭晖编著. 透视原理及空间描绘. 重庆：西南师范大学出版社，2008.
[18] （美）史迪芬·克利蒙特编辑. 建筑速写与表现图. 刘念雄，刘念伟译. 北京：中国建筑工业出版社，1997.
[19] （美）保罗·拉索著. 图解思考——建筑表现技法. 邱贤丰，刘宇光，郭建青译. 1998.
[20] （日）长谷川矩祥编著. 室内设计效果图手绘技法快速表现篇. 北京：中国青年出版社，2006.
[21] 中国建筑学会室内设计分会编. 首届中国室内设计手绘表现图大赛作品选. 北京：机械工业出版社，2004.

后记

本书是"设计基础课程改革系列教材"中的一册。

书中第一篇章"空间设计表现篇"由陈月浩负责编写，第二篇章"产品设计表现篇"由黄维达负责编写。两位编者在复旦大学上海视觉艺术学院设计学院从事设计与表现的教学工作。

设计表现技法的相关书籍在国内层出不穷，其中部分以优秀作品为主，另一些以分步教程为主，近几年编译、翻译的国外优秀表现技法的书籍更是给国内的读者开阔了视野，也提供了大量运用各种各样技法的优秀作品。本书也归属于表现技法类的教材，自然在编写过程中希望提供给大家尽可能多的优秀范例便于临摹，上述书籍以及我们教学中的优秀作业都是本书范例的参考来源，对诸位范图作者也在此一并感谢。

在本书编写的初期，两位作者就对本书的编写特点达成共识，本书并不仅仅展示范例，也不仅仅阐述技法。在长期的设计教学以及设计运用过程中，我们都感到设计表达与设计的脱节是一个反复出现的严重问题，甚至成为影响设计思维的绊脚石。因此我们在此将设计表现作为这本书的设计对象，从表达的功能追溯到设计本身的意义，将表现的方式、方法依据这样的目的重新整理。根据我们对"设计"的理解，对设计过程的归纳，将收集的优秀作品分类、分步介绍给大家，并为每一件范图结合设计表达的目的和表现技法的运用作了详细的说明。这样，大家能够从设计的角度以及设计表达目的的角度去理解、欣赏和学习这些作品，这也将对自我练习非常有效，也有助于培养连贯的设计思维习惯。

正因为作者希望完成这样的编写初衷，而这些初衷的实施又切切实实地与我们的教学和设计体验紧密相关，作为两位年轻的教师和年轻的设计师，体验的厚度恰恰也是我们需要积累的东西。由此导致这本书从立项至今着实经历了三年有余。非常感谢复旦大学上海视觉艺术学院设计学院的张同老师，给我们机会参与这个系列的教材的编写，让我们把教学和设计的思路整理记录下来。正如张老师所说，本书的编写过程对我们自身的成长也有非常大的帮助，这也是我们的亲身体验。

最后，真心希望这本书能够让大家清晰地理解"设计表现"，了解为什么表现和如何表现，更能掌握书中的表现方法，为你的设计画出准确合适的表现图，让你的设计过程更加顺利！

由于两位编者年轻历浅，本书如有不恰当之处，敬请专家与同仁提出批评指正。

编者
2011 年 5 月